KB261516

한눈에 쏙!
생물 지도

한눈에 쏙! 생물 지도

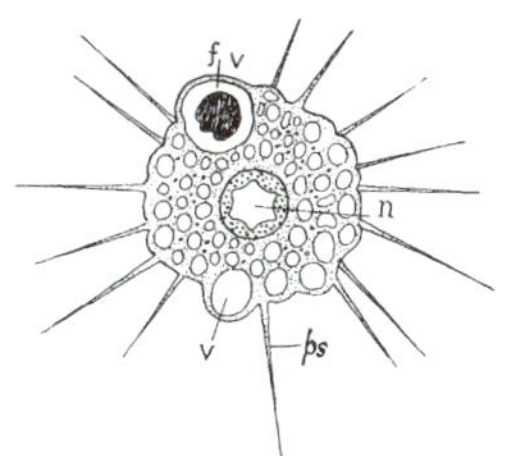

과학동아 기획 | 김응빈 지음

궁리
KungRee

생물은 암기 과목이라는 오해가 억울해서 쓰기 시작했던 글들이 모여 한 권의 책이 되었다. 미생물에서 사람에 이르기까지 생명의 정보는 모두 DNA에 담겨 있고, 단백질 합성과 세포 호흡 등을 비롯한 물질 대사의 원리도 기본적으로 동일하다. 각양각색의 외형을 보면 모두 달라 보이지만, 그 안으로 조금만 들어가면 놀라울 정도의 공통점을 발견하게 된다. 그런즉 생물의 키워드는 다양성(diversity)과 통일성(unity)이라 하겠다.

아마도 많은 이들이 겉으로 보이는 다양성에 이끌려 그 차이점을 기억하려다 보니 생물을 암기과목으로 여기는 것 같다. 하지만 중요한 것은 겉보기가 아니라 속보기이다. 다시 말해 겉모양이 아닌 생명체들의 삶의 방식과 목적을 중심으로 생물을 이해하자는 것이다.

대부분의 생물 교과서는 생명의 특성으로 이야기를 시작하여 물질대사, 자극과 반응, 그리고 생식과 유전에 대한 설명을 거쳐 생태계 이야기로 마무리된다. 한 마디로 생물교과서는 '생존을 위해 먹고 번식을 위해 생존해야 하는' 생명체의 운명을 담고 있다. 이 사실로부터 약간의 상상력을 동원하면 생물의 내용은 소설처럼 보이기도 한다. 그래서 그 줄거리를 설명하려고 노력하였다. 따라서 소설책처럼 편안한 마음으로 읽기를 권하며, 마지막 장을 넘길 때 생물은 억지로 암기해야 하는 과목이 아니라 자연스레 기억되는 과목이라는 생각이 들기를 소망한다.

2009년 10월

김응빈

차례

:: 머리말 | 4 |
:: 프롤로그 | 드라마와 생물 | 11 |

1 생명이란 무엇인가? | 21 |

1 | 생명체의 특성
··· 21

2 | 세포설과 바이러스
··· 24

2 산해진미山海珍味**의 본질
: 영양소** | 33 |

1 | 3대 영양소
··· 33

2 | 생명체 엔진 가동의
주 연료, 탄수화물
··· 35

**3 영양소의 추출, 흡수,
이동 : 소화** | 47 |

1 | 입에서의 소화
··· 47

2 | 위에서의 소화
··· 48

**4 몸에서 일어나는 물류
배송 서비스 : 순환** | 59 |

1 | 피는 물보다
진하다 : 혈액의
구성 성분 ··· 60

2 | 배송과 경호 및
보수 활동 : 혈액의 기능
··· 62

**5 삶의 활력(에너지) 만들기
호흡** | 75 |

1 | 고기압에서
저기압으로 ··· 76

2 | 혈액 속
이산화탄소 농도의
의미 ··· 77

3 | 생명에 대한 단상
··· 29

3 | 생명체의 멀티엔터테이너, 단백질 ··· 38

4 | 지방에 대한 오해와 진실 ··· 41

5 | 비타민 음료는 불공평하다(?) ··· 45

3 | 소장에서의 소화 ··· 51

4 | 대장에서의 소화 ··· 53

5 | 영양소의 흡수와 이동 ··· 55

3 | 피도 짝이 있다 : 혈액형 ··· 66

4 | 혈액 순환 펌프, 심장 ··· 67

5 | 조직액과 림프 ··· 71

6 | 배송 지연과 사고의 주범 불법 주차를 막아라 ··· 72

3 | 기체 운반 ··· 78

4 | 느림의 미학 ··· 81

5 | 산소가 없어진다면 ··· 84

6 | 연기와 함께 사라지다 ··· 87

6 재활용과 분리 배출

: 배설 | 89 |

1 | 배설물을 보면 삶의 방식이 보인다 ⋯ 89

2 | 우리 몸의 정수기 : 신장 ⋯ 93

7 몸의 첨단 인지 시스템

: 자극과 반응 | 101 |

1 | 감각, 지각, 인지 ⋯ 102

2 | 정보의 수집 : 자극의 수용 ⋯ 103

8 유한한 생명체가 영원히 사는 법 : 생식 | 125 |

1 | 성지(性地)순례 : 생식 기관의 구조와 기능 ⋯ 126

2 | 선택받은 세포 만들기 : 정자와 난자의 형성 ⋯ 127

9 영생永生의 규칙 : 유전 | 137 |

1 | 유전 물질의 정체 : 유전자와 염색체 ⋯ 138

2 | 우성이 열성을 지배한다 : 상염색체에 의한 유전 ⋯ 139

10 조화로운 삶을 향해 : 생태와 환경 | 151 |

1 | 시에 담긴 생태학 원리 ⋯ 152

2 | 지구 물질 순환의 숨은 주역 ⋯ 154

:: 에필로그 |

생물 완전 정복 비법 | 167 |

1 | 드라마를 보듯이 줄거리를 파악하라 ⋯ 167

2 | 수업 시간에 배운 지식을 일상에 적용하라 ⋯ 168

3 | 지혜로운 재활용
: 오줌의 생성
··· 96

4 | 조직의 조화
··· 99

3 | 정보 처리 및 전달
: 뉴런의 구조와 기능
··· 105

4 | 슈퍼컴퓨터와
초고속 네트워크 :
신경계의 구조와 기능
··· 108

5 | 정보 기관의 구조와
기능 ··· 112

6 | 호르몬과 항상성 유지
··· 120

3 | 왜 마술에 걸리나?
: 생식 주기
··· 130

4 | 불완전한 둘이 만나
완전한 하나가
되기까지 : 수정과 발생
··· 133

5 | 야동보다는 운동
··· 134

3 | 멘델 법칙의 성립
조건과 근대 유전학의
발전 ··· 141

4 | 남녀 '차별' 하는
성염색체 유전
··· 144

5 | 규칙 준수의
중요성 : 염색체 이상
··· 145

6 | 염색체 이배성(2n)에
따른 득과 실 ··· 146

3 | 우리들의 일그러진
자화상 ····· 158

4 | 작은 실천
··· 160

5 | 문제 파악과 현명한
선택 ··· 161

3 | 과학적 상상력을
동원하라 ··· 169

4 | 생물 용어를
이해하는 데 한자를
활용하라 ··· 170

드라마와 생물

대중 교통을 이용하다 보면 뜻하지 않게 주변 사람의 대화 내용을 엿듣게 되는 경우가 종종 있다. 그날도 여느 때와 같이 몸은 규칙적인 지하철의 흔들림에 맡기고 눈은 손에 든 소설책을 응시하고 있는데, 까르르 웃어대며 수다를 떠는 여학생들의 목소리가 '청각'을 자극하여 나의 '뇌신경'을 그들의 대화 내용으로 이끌고 있었다('들렸다'의 생물학적 표현). 모 TV 방송에서 방영중인 드라마에 대한 얘기였는데, 어찌나 생생하고 자세하게 묘사를 하던지 그 드라마를 한 번도 본 적이 없는 나마저도 대충의 줄거리를 이해할 수 있을 정도였다. 조금 시끄럽기는 했지만 입시 경쟁에 찌든 그들만의 스트레스 해소법이라 이해해주며 읽던 책으로 주의를 돌리려는 순간, 급반전된 그들의 대화에 전율을 느꼈다. "얘, 그런데 있잖아. 오늘 생물 시험 완전 망쳤어. 어젯밤에 열심히 외운 게 시험 볼 때는 생각도 잘 나지 않고 헷갈리기만 하더라. 역시 생물은 왕짜증 암기 과목이야.”
한 번 본 드라마의 내용은 일목요연하게 강의(?)할 수 있는 학생들이 이런 슬픈 이야기를 하다니 생물학을 공부하고 가르치는 사람으로서 조금 속상했다.

홍분된 마음을 가라앉히며 다시 생각해보니 황당한 일이 아니라 오히려 당연한 일이라 여겨졌다. 학생들이 내용을 이해하지 않고 무조건 외우려고만 했기 때문이다. TV 드라마를 대사까지 모두 외우겠다는 자세로 봤을까. 아니다. 사건의 전개를 순서대로 파악하며 때로는 등장 인물에 감정을 이입하면서 드라마 속에 빠져들었을 것이다. 그래서 드라마에 등장하는 수많은 배우들의 이름과 줄거리를 모두 기억할 수 있다. 핵심 내용(인물＋사건＋배경)을 기억하니 조금만 생각하면 세부 상황이나 대사까지도 어렵지 않게 떠오른다.

‘생물 드라마’ 출연 배우 : 영양소

여러 드라마에 등장하는 주연 배우들을 보면서 몸에 필요한 주영양소 3가지(탄수화물, 단백질, 지질)를 떠올리는 것은 생물학을 전공한 사람들만의 과학적 상상일까? 탄수화물은 우리 몸에서 에너지를 만드는 데 가장 먼저 쓰이는 영양소다. ‘밥심으로 산다’는 말처럼 우리 민족은 탄수화물이 주성분인 쌀을 주요 에너지원으로 섭취해왔으며 쌀이 부의 척도로 여겨지던 시기도 있었다. 생명체 안에서 다양한 기능을 수행하는 단백질은 '폼생폼사' 멀티엔터테이너이다. 왜냐하면 단백질의 다양한 기능 수행 여부는 그 모양(입체구조)에 의해서 결정되기 때문이다. 중요한 영양소이지만 피 속에 동물성 지방이나 콜레스테롤 양이 지나치게 많아지면 동맥 경화와 같은 병을 일으킬 수 있기 때문에 많은 사람들에게 건강의 적(?)으로 오해를 받고 있는 지질은 극중 악역 배우와 닮은꼴이다. 드라마에는 주인공 이외에도 여러 명의 조연 배우가 등장한다. 이들은 생명체에서는 비타민이나 무기염류, 물 같은 부영양소에 해당한다. '약방의 감초'로 드라마에 재미를 더하는 조연 배우처럼 부영양소는 몸의 생리 기능을 조절한다. 무기염류는 각종 생리 작용을 조절하는 데 쓰이며, 물은 몸무게의 약 66%를 차지한다.

영양소, 연기에 빠지다 : 소화와 순환

출연 배우의 인기나 잘생긴 외모가 드라마의 흥행에 영향을 미친다는 점을 무시할 순 없지만, 드라마가 큰 인기를 끌기 위해서는 무엇보다도 배우들이 맡은 역할을 잘 '소화' 해 연기가 스토리 속에 녹아들어가야 한다. 마찬가지로 우리 몸에 들어온 영양소도 우리 몸에 제대로 잘 소화되어야 건강을 유지할 수 있다. 섭취한 음식물을 체내로 흡수될 수 있도록 작은 크기로 분해하는 과정이 소화다. 즉, 작가의 의도와 감독의 지시에 따른 배우들의 연기 변신을 통해 드라마가 전개되는 것처럼, 섭취된 다양한 음식물도 소화관(입, 식도, 위장 등)을 통과하면서 소화 효소에 의해서 포도당, 아미노산, 지방산 등으로 전환된다.

소화된 영양분의 대부분은 소장의 융털을 통해 상피 세포로 흡수되어 혈관을 통해 심장으로 전달된 다음, 온몸으로 퍼져나간다. 대장은 소장을 통과한 물질로부터 주로 수분을 흡수하고 탈수된 찌꺼기를 연동 운동에 의해 몸 밖으로 내보내는 역할 즉, 배변 활동을 수행한다. 그런데 배변이라고 하니까 '똥'이라는 단어가 연상되어서 그런지 나도 모르게 얼굴이 찌푸려진다. 하지만 다시 한 번 생각해보면 그렇게 불결한 일이 아니다. 맛있다고 먹은 귀한 음식이 소중한 내 몸을 통과해서 나온 것인데, 뭐가 그리 더럽단 말인가? '똥 분(糞)'자를 분석해보면 재미난 사실을 발견하게 된다. 즉, 똥은 쌀(米, 쌀 미)이 다른 모양으로 변한 것(異, 다를 이)이라는 뜻이니, 이 논리대로라면 먹는 음식에 따라 똥이 달라진다는 얘기 아닌가? 빙고! 핵심을 찔렀다.

'생물 드라마'의 클라이맥스 : 에너지 생산

2008년 가을 방영돼 큰 인기를 끌었던 드라마 〈베토벤 바이러스〉를 잠시 떠올려보자. 개성이 강한 단원들과 지휘자 강마에는 드라마 내내 서로 부딪치고 상처받고 다시 화해하는 과정을 반복한다. 이들은 도대체 무엇을 위해 한 곳에 모인 걸까. 우여곡절을 겪은 단원들은 결국 강마에의 지휘 아래 한 무대 위에서 음악을 연주하며 드라마는 클라이맥스에 이른다. 그렇다면 생명체에서 일어나는 생명 활동의 클라이맥스는 과연 무엇일까? 바로 호흡(여기서 호흡이란 폐에서 이산화탄소를 내보내고 산소를 들이마시는 과정뿐 아니라 세포 호흡까지 의미한다)으로 볼 수 있다. 교향악 단원 개개인의 연주가 모여 아름다운 곡이 완성되듯이 호흡은 온몸의 기관들이 조화롭게 움직여 에너지를 만드는 과정이다.

우리가 살기 위해서는 주영양소(탄수화물, 단백질, 지질)를 끊임없이 섭취·분해하여 에너지를 만들어내야 한다. 그런데 탄수화물과 지방은 호흡을 통해서 물과 이산화탄소로 분해되는 반면, 단백질이 분해되면 추가적으로 질소 노폐물이 생기게 된다. 결국 우리 몸에서 내보내는 주요 배설 물질은 이산화탄소, 물, 그리고 질소 노폐물인 셈이다.

'피가 맑아야 건강하다'라는 말을 한 번쯤은 들어보았을 것이다. 혈액의 기능을 떠올려보면 정말 그렇겠구나 하는 생각이 든다. 온몸을 돌며 필요한 영양소 등을 전달하고 각종 노폐물을 수거하는 임무를 수행하는 혈액이 소중하다는 사실은 누구나 알 것이다. 혈액은 일회용품이 아니라 계속 정화해서 사용해야만 하는데, 이러한 혈액의 여과 기능을 수행하는 기관이 바로 신장(콩팥)이다. 즉, 신장의 주 기능은 혈액을 여과하여 유용한 성분은 재흡수하고 필요 없는 찌꺼기를 모아서 오줌을 만드는 것이다.

자극과 반응 : 오감(五感)을 자극하는 드라마

〈베토벤 바이러스〉의 인기 비결에는 물론 아름다운 영상뿐 아니라 드라마를 가득 채우는 클래식 명곡들도 한몫을 했다. 즉 드라마가 성공하기 위해서는 뛰어난 배우와 탄탄한 시나리오 외에도 중요한 요소가 있다는 얘기인데, 생명체의 생존을 위해서도 먹는 일과 함께 필수적인 행동이 한 가지 더 있다. 자연 환경에는 우리의 생명을 위협하는 위험 요소들이 흩어져 있는데, 이들을 감지해 제대로 반응하지 못한다면 생명체는 생존을 보장할 수 없다. 생명체가 치열한 생존 경쟁을 뚫고 살아남기 위해서는 앞서 설명한 물질과 에너지 획득 및 생산(물질 대사)과 같은 하드웨어적인 능력뿐 아니라 주변 환경의 변화에 적절하게 반응해 대응할 수 있는 소프트웨어적인 능력이 필수적이다. 이런 능력은 감각 기관과 신경계에 의해서 통합적으로 이루어진다.

오감(시각, 청각, 후각, 미각, 촉각의 5가지 감각)을 담당하는 감각 기관(눈, 귀, 코, 혀, 피부)은 자극의 정보를 수집하고, 중추 신경계(뇌와 척수)는 정보를 분석해 명령을 내린다. 말초 신경계는 자극을 중추 신경계로 전달하고 중추 신경계의 결정을 해당 기관에 전달하는 역할을 담당한다. 자극과 반응을 전달하는 신경계의 구조적·기능적 단위를 뉴런(neuron)이라고 한다. 뉴런은 핵과 세포질로 이루어진 신경 세포체와 여기서 나온 돌기로 구성되어 있다.

'베토벤 바이러스'에 담긴 생물학적 의미 : 생식, 유전

지금까지의 내용은 사람을 중심으로 생물 개체의 생존 전략에 대한 설명이었다. 그렇다면 사람을 포함한 모든 생명체의 생존(survival)의 궁극적인 목적은 무엇일까? 이 질문에 대해 생물학이 주는 답은 바로 번식(reproduction)이다. 지구상에 존재하는 그 어떤 생명체도 죽음을 피할 수는 없다. 생물 개체는 생로병사(生老病死)의 운명을 따를 수밖에 없기 때문에 옛 진시황이 그랬던 것처럼 불로장생은 많은 사람들의 이룰 수 없는 꿈인가 보다. 그러나 생명 현상의 본질이라고 할 수 있는 DNA의 입장에서 보면 상황이 사뭇 달라진다. 해당 개체가 자손을 남겼다면 그 개체는 사라졌을지언즉 유전자는 존속되고 있기 때문이다. 즉 생명체가 성공적으로 번식을 수행하는 한 유전자는 다시 태어날 수 있는 것이고, 결국 불로장생의 꿈도 실현된 것이라 할 수 있다. 이러하니 생물이 종을 유지하기 위해서 자신과 같은 유전자 조성을 갖는 개체를 새로 만들어내는 과정인 생식이 모든 생명체의 생존의 목적이라고 해도 과언이 아닐 것이다.

드라마의 내용과 상관없이 '베토벤 바이러스'라는 제목은 생물학적으로 참으로 절묘하고 적확한 단어의 조합이다. '베토벤'이란 단어는 단순히 위대한 작곡가를 넘어서 그가 남긴 명곡들을 지칭하는 말이 되었다. 현재 지구상에서 베토벤을 직접 만나본 사람은 아무도 없다. 하지만 그의 음악은 어떠한가? 생존 당시 독일을 비롯한 유럽 국가들에서만 알려졌던 그의 음악이 그가 세상을 떠난 지 180년이

훌쩍 지난 지금, 사라지기는커녕 오히려 전 세계의 많은 사람들에게 사랑을 받고 있다. 이것은 그의 음악이 시공을 뛰어넘어 살아남아 (생존), 경우에 따라서 편곡되기도 하면서(변화 또는 진화), 널리 퍼졌다는(번식) 의미이다. 번식과 진화에 관한 한 생물권의 제1인자는 단연코 바이러스이다. 음악과 생물이라는 전혀 상반되는 듯한 두 분야의 용어가 만나서 서로의 핵심 주제를 명쾌하게 표현하고 있다는 사실이 흥미로울 뿐이다.

'생물 드라마'의 대본

이상의 설명에서 언급된 주요 핵심 단어를 나열해보자.

영양소 / 소화 / 순환 / 호흡 / 배설 / 자극 / 반응 / 생식 / 유전

다음은 고등학교 생물 I 교과서의 단원 차례이다.

생명 현상의 특성 / 영양소와 소화 / 순환 / 호흡 / 배설 / 자극과 반응 / 생식 / 유전 / 생태계

생물 교과서니까 생물에 대한 소개로 시작하는 것은 당연한 것이고, 그 이후 단원의 제목은 '생존을 위해 먹고 번식을 위해 생존한다는' 생명체의 특성을 설명하고 있는 것이 아닌가? 그런데 생태계 단원은 왜 맨 마지막에 오는 걸까? 사람은 환경과 분리되어서는 살 수 없는데, 그 중 중요한 요소는 주변의 생물이다. 우리 몸을 구성하는 세포의 수보다도 많은 수의 미생물들이 우리의 몸에서 살고 있고, 더 나아가 우리가 먹는 육류나 다양한 채소 역시 우리만 분리되어

살 수 없음을 나타낸다. 따라서 생태계 다른 구성원을 고려하지 않고서는 인류의 번영은 결코 기대할 수 없다. 따라서 생태학의 핵심 원리에 대한 설명으로 교과서를 마무리하는 것도 역시 당연한 일. 그렇다면 ‘생물 교과서’는 생명체의 생로병사를 담고 있는 드라마의 대본이라고 볼 수도 있지 않을까?

생명이란
무엇인가?

살아 있음이
어떤 죽음의 일부이듯이
죽음 또한 살아 있음의 연속인가
–도종환, 〈소망의 시·2〉 중에서

1 | 생명체의 특성

사람도 지구상 수많은 생물 중 하나로서 다양한 종류의 생물들과 어
우러져 살아가기 때문에 우리는 생명이 있는 것(생물)과 그렇지 않은
것(무생물)을 직관적으로 쉽게 구별할 수 있다. 7080세대가 즐겼던
추억의 놀이 하나가 이를 잘 입증한다. 노래를 부르며 술래(여우)로
지정된 아이에게 다가가는 아이들이 이렇게 소리친다. "여우야 여우
야 뭐하니?(잠잔다)–잠꾸러기 / 여우야 여우야 뭐하니?(세수한다)–멋
쟁이 / 여우야 여우야 뭐하니?(밥먹는다)–무슨 반찬(개구리 반찬) /
죽었니? 살았니? '살았다'"라고 고함치며 술래가 따라오니 아이들
은 사방으로 줄행랑친다. '죽었다'라고 속삭이듯 말하니 얼음땡. 잠

자기, 먹기, 자극에 반응하기 등 생존에 필수적인 생명체의 특성이 담겨져 있는 노래 가사와 삶과 죽음을 구분하는 놀이 방식을 보니 아이들조차도 생물과 무생물을 쉽게 구별할 수 있음이 분명하다.

그렇다면 "달걀은 생명체일까, 아닐까?"라는 질문에 답해보자. 물론 여기서 달걀은 수정이 이루어진 유정란(有精卵)이다. 움직이지도 먹지도 않고 건드려도 꿈쩍하지 않으니 당연히 생명체가 아니다. 잠깐, 어미 닭이 품어주면 달걀은 예쁜 병아리가 될 수 있는 잠재력이 있으니 당연히 생명체이다. 어느 것이 정답인가? 쉽게 보이던 문제가 꼬여가는 느낌이 든다.

생명체는 한 문장으로 간단히 정의할 수 없다. 다만 우리는 여러 가지 관찰(또는 실험) 가능한 생명 현상에 근거하여 생명체의 특성을 설명하고 있는 것이다. 내(사람)게서 볼 수 있는 생명체의 특성을 생각해보자. "나의 생물학적 본질은 아버지와 어머니에서 유래한 정자와 난자가 합쳐진 세포(수정란)로부터 시작되어, 약 10개월간 어머니 뱃속에서 발생과 생장 과정을 거쳐 세상에 태어난 후로, 맛있는 음식을 먹고 잘 소화시켜 영양소와 에너지를 생산하는 과정(물질 대사)을 통해서 성장하여 어른이 될 테고, 언젠간 결혼도 해서 나의 분신인 아이를 낳겠지(생식과 유전). 그리고 때로는 기쁨에 때로는 슬픔에 웃고 울면서(자극에 대한 반응) 살아갈 것이고." 나 자신만 돌아본 것뿐인데, 놀랍게도 생명체의 특성이 나름 정리가 된다. 당연한 일이다. 사람도 생물이니까. 그럼 일단 사람을 중심으로 한 생명체의 특성을 정리해보자.

   ∷ 생명체는 세포로 이루어져 있다.

   ∷ 생명체는 발생과 생장을 한다.

   ∷ 생명체는 물질 대사를 한다.

   ∷ 생명체는 생식과 유전을 한다.

   ∷ 생명체는 자극에 대해 반응하고 항상성을 유지한다.

🔍 깊게 보기

∙ ∙ 물질 대사 ∙ ∙

생명체가 먹이(사람에게는 음식물)로부터 에너지를 획득하고 사용하는 과정을 물질 대사(metabolism)라고 한다. 다시 말해서 물질 대사는 세포 내에서 일어나는 수천 가지의 화학 반응과 물리적 활동인데, 한마디로 '세포 안에서 일어나는 물질과 에너지의 흐름'이라고 할 수 있다. 물질 대사는 분해 과정인 이화 작용(catabolism)과 합성 과정인 동화 작용(anabolism)으로 나눌 수 있다. 이화 작용에서는 고분자 화합물이 작은 조각으로 분해되면서 에너지를 생산하고 또 이 조각들은 새로운 고분자 화합물을 합성하는 데도 이용된다. 이렇게 에너지를 사용하여 새로운 고분자 화합물을 합성하는 과정이 동화 작용이다. 결국 이화 작용과 동화 작용은 에너지를 매개체로 긴밀하게 연결된다.

비록 생명체에 대한 명쾌한 정의를 내릴 수 없지만, 어쨌든 우리의 몸은 참으로 신비스럽기 그지없다. 우리의 몸을 구성하는 20여 가지(자연계에 존재하는 92가지 원소 중 약 25가지가 생명체에 필수적인 것으로 알려져 있음, 표 참조) 남짓한 원소들은 지구상의 흙이나 기타 물체에도 흔히 존재하는 평범한 것인데, 이들이 복잡하게 결합하여 정교한 세포와 조직을 이루고, 나아가서 신비로운 생명 활동을 수행하는 유기체 즉, 생명체를 이루니 말이다.

사람 몸을 이루는 자연계 원소들

원소	산소	탄소	수소	질소	칼슘	인	칼륨	황	나트륨	염소	마그네슘	기타
기호	O	C	H	N	Ca	P	K	S	Na	Cl	Mg	–
구성비(%)	65.0	18.5	9.5	3.3	1.5	1.0	0.4	0.3	0.2	0.2	0.1	<0.01

2 | 세포설과 바이러스

우리의 몸은 다양한 세포의 집합체로서, 몸이 자란다는 것은 곧 세포 수가 늘어남을 의미한다. 세포의 존재는, 1665년 영국의 자연철학자인 로버트 후크가 자신이 만든 현미경으로 코르크 조각이 마치 벽으로 나뉜 여러 개의 방들로 이루어져 있음을 발견하면서, 처음으로 알려졌다. 그러나 당시에는 각각의 방(세포의 영어 단어인 'cell'은 '작은 방'이라는 뜻의 라틴어인 'cella'에서 유래)의 중요성에 대해서는 전혀 알지 못했고, 두 세기에 걸친 후속 연구를 거쳐 1830년대에 이르러 '모든 생물의 몸은 세포를 단위로 이루어져 있으며, 세포는 생물의 구조 및 기능의 단위'라고 주장하는 세포설[1]이 확립되었다.

2009년 전 세계를 전염병의 공포에 떨게 한 신종 인플루엔자 바이러스(virus)를 모르는 사람은 거의 없을 것이다. 바이러스라는 존재에 대한 의구심의 발단은 독일의 농화학자 마이어(Adolf Mayer)가 병든 담배 잎에서 추출한 수액을 건강한 담배 잎에 문지르면 병이 옮겨진다는 사실을 발견한 1883년으로 거슬러올라간다. 이로부터 9년이 지난 1892년에 러시아의 생물학자 이바노프스키(Dimitri Ivanowski)는 병든 담배 잎의 수액을 박테리아(bacteria, 세균)를 거를 수 있는 필터로 여과하더라도 여전히 병을 일으키는 인자가 남아 있다는 논문을 발표하였다.

몇 년 후 네덜란드의 식물학자인 바이예린크(Martinus Beijerinck)는 여과된 수액에 남아 있는 병원 인자가 증식할 수 있다는 사실을 발견하여 독소에 의한 감염은 아니라는 것을 입증하였다. 바이예린크는 증식 능력이 있는 이 병원 인자가 박테리아보다 훨씬 더 작고 단순할 것이라는 가설을 세웠고, 이 때문에 그는 훗날 바이러스라는 새로운 존재에 대한 개념을 최초로 소개한 과학자로 인정을 받게 된다. 하지만 바이러스의 실체가 드러나기까지는 다시 40여 년의 시간이 필요했고, 미국의 생화학자 스탠리(Wendell Stanley)가 이 병원

---

1 | 1838년 독일의 식물학자 슐라이덴(Matthias J. Schleiden)이 식물을 대상으로, 그 다음 해에 독일의 생리학자 슈반(Theodor Schwann)이 동물을 대상으로 주창함.

인자의 결정체를 얻어 전자 현미경으로 확인한 것은 1935년의 일이었다. 이 병원 인자는 현재 담배모자이크 바이러스(Tobacco Mosaic Virus, TMV)로 알려져 있다.

일반적으로 바이러스는 세포의 형태를 갖추지 못했다는 이유로 생물로 간주되지 않고 있다. 그러나 살아 있는 생명체(숙주) 안에서는 물질 대사와 증식을 수행하기 때문에 분명 무생물도 아니다. 그래서 바이러스는 생물도 무생물도 아닌 어중간한 존재로 여겨지고 있는데, 이에 대해 한 가지 의문점이 생긴다. 바이러스의 존재가 확인된 것은 1930년대인데, 이보다 100여 년이나 앞서 확립된 세포설의 기준을 바이러스에도 똑같이 적용한다는 것이 과연 객관적으로 타당한 일인가? 생명체는 세포로 이루어져야 한다는 조건만 아니라면 바이러스도 별 무리 없이 생명체 명단에 이름을 올릴 수 있겠다는 생각이 든다.

엄밀하게 말해서 바이러스란 숙주 밖에서 존재하는 입자 상태와 숙주 안에서 증식하는 비입자 상태를 통칭하는 용어이다. 전통적인 생명체의 기준으로는 세포의 구조를 갖추지 못한 무생물학적 존재이다. 그러나 현대 생물학의 진보적 개념에서 보면, 바이러스는 생명 현상의 기본이 되는 유전 물질(DNA 또는 RNA)을 가지고 있고 세포성 생명체가 제공하는 생물 환경에서는 가장 중요한 생명 활동인 증식과 유전 그리고 진화의 특성을 뚜렷이 보이기 때문에(번식과 진화에 관한 한 생물권의 제1인자는 단연코 바이러스라는 사실과 수시로 출현하는 신종 바이러스를 상기하기 바람) '비세포성 생명체'로 정의하기도 한다.

깊게 보기

• • 원핵 세포와 진핵 세포 • •

근육 세포, 지방 세포, 신경 세포, 생식 세포 등 종류에 따라 세포의 형태는 매우 다양하지만, 모든 세포는 세포막(cytoplasmic membrane)을 가지고 있어 자신의 내부와 외부 환경을 분리시킨나. 일차적으로 세포막을 통하여 필요한 영양분이 유입되고 노폐물과 기타 세포 생성물이 배출된다. 세포막 안쪽은 세포질(cytoplasm)이라고 부르는 복잡한 혼합 물질로 채워져 있다. 또한 식물 세포와 대부분의 미생물 세포에는 세포벽이 존재하여 세포 구조의 강도를 더해 준다.

세포는 내부 구조에 따라 원핵 세포와 진핵 세포로 구분할 수 있다. 진핵 생물의 세포는 다양한 세포내 소기관을 가진 구획된 구조를 띠는데, 마치 고층 건물 같은 구조라고 할 수 있다. 그 구조에 약간의 차이가 있을 수 있으나 식물, 곰팡이, 그리고 사람을 포함한 동물들은 모두 같은 진핵 세포 구조를 하고 있다. 반면, 원핵 생물의 세포는 구획이 나누어져 있지 않은 매우 단순한 구조로서 넓은 강당에 비유할 수 있다. 원핵 세포에는 심지어 핵막도 없어서, 유전 물질인 DNA가 단백질 합성을 담당하는 리보솜과 함께 세포질에 떠 있는 상태이다. 진핵 세포의 미토콘드리아나 엽록체 같은 세포내 소기관이 수행하는 기능은 원핵 세포의 세포막이 담당한다.

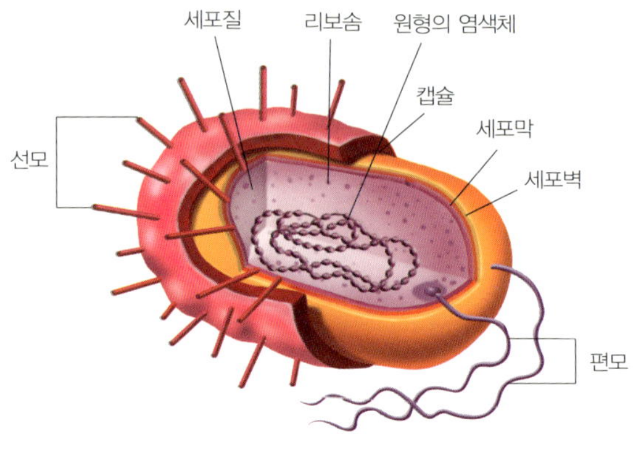

원핵 세포

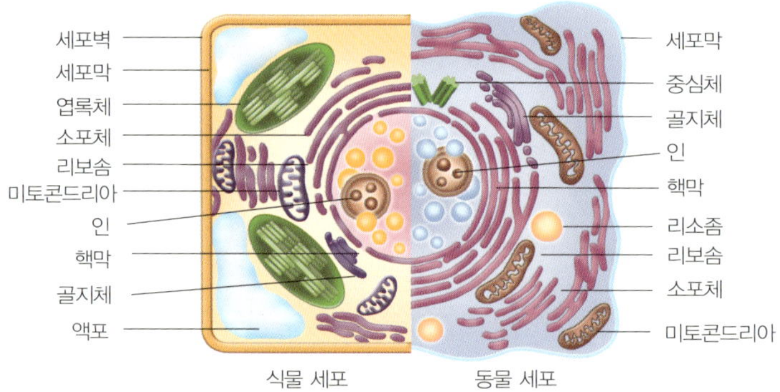

진핵 세포

진핵 세포(10~100㎛)가 야구 경기장만한 크기라면 원핵 세포(0.1~10㎛)는 투수 마운드 정도의 크기로 가늠할 수 있다. 참고로 바이러스는 야구공 크기 정도.

3 | 생명에 대한 단상

"찰스 다윈, 새뮤얼 버틀러, 블라디미르 베르나드스키, 그리고 에르빈 슈뢰딩거가 그랬던 것처럼 우리도 생명이란 무엇인가라는 호기심 어린 질문을 던질 수는 있지만, 그 답은 잠정적이고 조심스러울 수밖에 없을 것이다. 그리고 그 답을 찾는 작업은 지금도 계속되고 있다." 『생명이란 무엇인가(What is Life?)』[2]라는 책의 마지막 문장이다. 결국 많은 학자들이 생명이 무엇인지에 대한 확실한 정의를 내리기 위해 오랫동안 고민해 왔으나, 생명에 대한 정의는 여전히 논란의 대상이란 얘기이다. 따라서 우리는 생명에 대한 명확한 정의가 아직 제대로 자리잡지 못해 생기는 문제(바이러스의 생명체 인정 여부 문제부터 시작해서 배아 복제와 뇌사 인정을 둘러싼 생명 윤리 문제까지)를 풀기 위해서 더 기다릴 수밖에 없는 처지이다.

과학은 진리를 향한 끝없는 탐구 과정(an endless search for truth)이고, '생명의 본질'이라는 진리를 탐구해가는 과정이 바로 생물학이다. 생명의 본질에 대한 우리의 이해가 점점 깊어지면 앞서 언급한 난제들이 자연스럽게 해결될 수 있을 것이다. 이제 본격적인 생물 탐구 여행을 나서며 시(?) 한 편과 함께 우리의 궁극적인 탐구

---

2 │ 미국의 생물학자인 마굴리스(Lynn Margulis)와 과학 작가인 세이건(Dorion Sagan)이 공동 집필하여 1995년 출판한 책. 이 두 사람은 각각 『코스모스』의 저자 칼 세이건(Carl E. Sagan)의 아내와 아들임.

대상인 생명에 대해 다시 한 번 곰곰이 생각해보자.

생명 그대는……

그대는 자신으로 말미암아 남아 있는 초기 지구의 지나간 환경, 과거 화학의 표명이구나!

그대는 상대적으로 무감각하고 단순하게 보이는 물질인 우주에서 감성과 복잡성을 가중시켜 온 결합체이구나!

그대는 복잡성을 계속 확대하고 스스로에 대한 새로운 문제를 창출하는구나!

그대는 자신의 존속을 위해서 시간과 함께 사라져버리는 열의 보편적 경향을 거슬러야만 하는 운명이구나!

죽음도 그대의 일부이거늘……

『생명이란 무엇인가』에서 발췌, 수정

줄기 세포와 생명 윤리 : 성체 줄기 세포는 문제없지만 배아 줄기 세포는 생명 윤리 논란

생명 윤리 논란의 대상은 수정란 배아 줄기 세포와 복제 배아 줄기 세포다. 천주교 쪽은 두 가지 모두 생명으로 여긴다. 수정란 배아 줄기 세포는 '시험관 아기' 시술을 하고 남겨놓은 냉동 배아를 주로 이용해 만든다. 복제 배아 줄기 세포는 체세포 복제 방법으로 만든다. 즉 인간 난자의 핵을 빼낸 뒤 그곳에 줄기 세포를 만들려는 사람의 몸에서 뗀 세포 하나를 집어넣어 수정란처럼 분열이 시작되도록 해 배아를 만드는 것이다. 체세포 복제에서는 정자를 사용하지 않는 등 전통적인 수정 방법을 쓰지 않는다. 그러나 천주교 측은 '정자와 난자가 만나 수정된 순간부터, 복제 배아의 경우 세포가 분열 활동을 시작하는 순간부터 생명으로 간주한다'는 입장이다. 그런데 배아 연구자들은 줄기 세포를 만들 때 배아를 파괴해야 한다. 천주교 입장에서 보면 생명을 파괴하는 것이다. (2005. 7. 19 중앙일보 기사 중에서)

산해진미(山海珍味)의 본질
: 영양소

"전쟁은 총으로 시작하지만, 그 승패는 빵으로 결정난다
(The first word in war is spoken by guns,
but the last word has always been spoken by bread)."
– 허버트 클라크 후버(미국 제31대 대통령, 1874~1964)

식량의 중요성을 강조한 위 경구(警句)는 곰곰이 되새겨볼 가치가 있다. '살기 위해 먹어야 하는' 생물의 특성뿐만 아니라, 절대로 함께할 수 없는(아니, 함께 해서는 안 되는) 두 단어를 조합한 '음식물 쓰레기' 라는 용어를 아무 거리낌 없이 사용하고 있는 우리에게 먹거리의 소중함을 일깨우기 위해서도 그렇다.

1 | 3대 영양소

한국보건산업진흥원이 발간한 2005년 계절별 영양조사 보고서에 따르면 여름철 한국인 에너지 섭취 3대 식품은 1위 백미(白米)에 이어 라면, 돼지고기가 2, 3위를 차지했는데, 이들 식품에 포함된 주요 영양소는 다음 표와 같다.

쌀, 라면, 돼지고기 100g의 열량과 탄수화물, 지질, 단백질 함량

	탄수화물(g)	지질(g)	단백질(g)	열량(kcal)
쌀	79.6	1.0	6.8	366
라면	65.8	15.0	8.3	520
돼지고기(등심)	미량	19.9	17.4	262

위 표를 보고 두 가지 의문이 생긴다. 각 항목 수치의 합이 왜 100g이 되지 않는가? 그나마 쌀과 라면은 거의 90g이라도 되는데, 돼지고기는 40g도 채 안 되니 말이다. 그리고 쌀과 라면은 총량이 거의 비슷한데도 라면의 열량은 왜 이리 높은가?

생명체의 3분의 2는 물이고, 쌀과 라면은 거의 건조 상태라는 사실을 상기하면 첫 번째 의문은 쉽게 풀린다. 두 번째 의문에 대한 해답은 탄수화물과 단백질은 1g당 4kcal, 지질은 그 두 배가 넘는 9kcal의 에너지를 낸다는 사실에서 찾을 수 있다. 라면은 쌀에 비해서 탄수화물은 약 14g 적지만, 반대로 지질이 14g 더 많은 것이 총 열량이 높아진 주 이유이다. 이처럼 에너지원으로 이용되는 탄수화물, 단백질, 지질을 주영양소라 하고, 에너지원은 아니지만 우리 몸의 생리 기능을 조절하는 데 필요한 비타민, 무기 염류, 물을 부영양소라고 한다.

• • 쌀의 의미 • •

한자를 통해 '쌀'의 의미를 풀이해보면, 참으로 오묘하다. 우선 '기운 기(氣)', '정기 정(精)' 등의 글자를 보면 글자에 쌀 미(米)자가 들어 있다. 이들 글자를 넣어서 사용하는 단어들, 즉 기개(氣槪), 기상(氣相), 기색(氣色), 기분(氣分), 기합(氣合), 정기(精氣), 정력(精力), 정신(精神) 등을 보더라도 '쌀'을 빼놓고서는 생각할 수가 없다. 다시 말해서 쌀을 먹어야 정신도 나고 기상도 생긴다는 뜻이다. 또 한 가지, 곡물 곡(穀)과 양식 양(粮=糧)이라는 글자를 봐도 쌀 米자가 들어 있다. 즉, 우리 먹거리인 곡물과 양식의 주인공은 쌀이었음을 말해주는 증거가 아닐까? 내친김에 조금 더 살펴보자. '어지러울 미(迷)'. 이 글자를 보면 참으로 의미심장하다. 즉, 쌀이 제대로 있지 못하고 머뭇거리니까(辶, 머뭇거릴 착) 어지럽게 된다는 것을 보여준다. 밥을 안 먹으면 어떻게 되나? 어지럽고, 정신이 혼미(昏迷)해진다.

2 | 생명체 엔진 가동의 주 연료, 탄수화물

사람의 몸은 대략 물 66%, 단백질 16%, 지질 13%, 무기염류 4%, 탄수화물 0.6%, 기타 0.4%로 구성되어 있다. 탄수화물의 대부분은 쌀과 밀가루 등에 들어 있는 녹말과 같은 다당류 형태로 섭취되지만, 과일에 있는 과당과 포도당 또는 우유 속의 젖당처럼 단당류나 이당류의 형태로 우리 몸에 들어오기도 한다. 앞서 언급한 보고서에 의하면 한국인의 99.1%가 밥을 하루 한 번 이상 먹는다고 한다. 여기서 또 다른 의문이 생긴다. 탄수화물 덩어리인 밥을 매일 먹는데 탄수화물은 몸 전체의 1%에 미치지 못하는 것일까?

탄수화물은 우리 몸에서 에너지를 만드는 데 가장 먼저 이용되는 영양소이다. 밥의 주성분은 녹말인데, 대표적인 단당류인 포도당으로 이루어진 다당류이다. [포도당은 식물이 햇빛을 이용하여 이산화탄소로부터 합성한 (광합성) 유기물이라는 사실을 기억하자.] 특히 섭취된 탄수화물 중 에너지 생산에 쓰이고 남는 것은 지방으로 전환되어 저장되니까 탄수화물도 과다하게 섭취하면 비만이 될 수 있다.

단당류	이당류	다당류
포도당(Glucose)	엿당(Maltose) = 포도당 +포도당	녹말(Starch)
과당(Fructose)	설탕(Sucrose) = 포도당 +과당	섬유소(Cellulose)
갈락토오스(Galactose)	젖당(Lactose) = 포도당 +갈락토오스	글리코겐(Glycogen)

🔍 깊게 보기

• • 작아 보이지만 큰 차이 • •

단위체가 연결되는 방식만 다를 뿐, 녹말과 섬유소의 단위 구성 성분은 모두 포도당이다. 포도당이 고리 구조를 이룰 때 1번 탄소에 붙은 수산기(-OH)가 고리 평면을 기준으로 위쪽 또는 아래쪽에 있을 수 있어서, 다음 그림에서 보는 바와 같이 두 가지 모양[알파(α) 또는 베타(β)]의 포도당 고리가 형성될 수 있다. 녹말을 이루는 포도당은 모두 알파 형태인 반면 섬유소는 베타 포도당으로만 구성된다. 이 때문에 녹말에서는 모든 포도당이 같은 방향으로 연결되어 있지만, 섬유소의 포도당은 인접한 포도당에 대해 뒤집힌 형태를 취하게 된다.

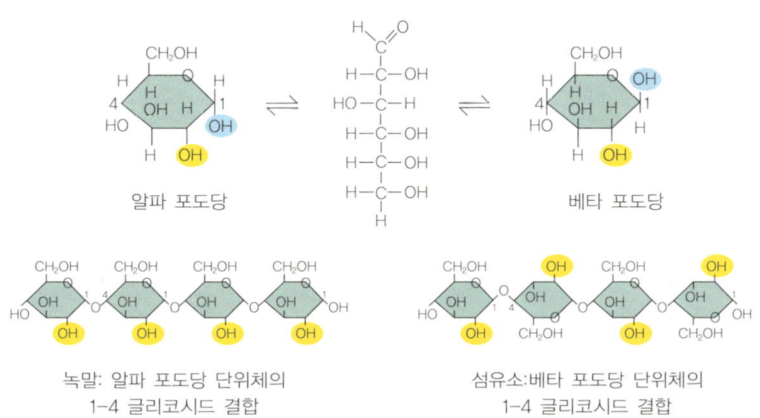

인간을 비롯한 동물은 식물의 저장성 다당류인 녹말을 섭취하여 주요 에너지원으로 이용한다. 그러나 알파 포도당이 연결된 결합을 가수분해하여 녹말을 소화하는 효소는 섬유소의 베타 결합은 공격할 수가 없기 때문에 우리는 섬유소를 소화하여 영양소로 이용할 수 없다. 그러고 보니 다이어트 열풍을 타고 잘 알려진 식이섬유소의 인기 비결은 바로 소화되지 않아 영양소로서의 가치가 없다는 것 아닌가! 많이 먹어도 칼로리 흡수가 없어 살찔 걱정이 없을 테니. 물론 음식을 통해 섭취된 섬유소는 소화관을 통과하면서 소화관 벽을 자극하여 점액의 분비를 촉진함으로써, 음식물이 소화관을 부드럽게 통과할 수 있도록 하는 등 우리 건강을 위해서 중요한 역할도 한다.

그런데 소처럼 자연 상태에서 풀만 먹는 반추 동물은 어떻게 살 수 있느냐고 반문하는 독자가 있을 것이다. 좋은 질문이다. 반추 동물의 경우에는 위에 서식하는 여러 종류의 미생물들이 섬유소 분해를 대신해준다. 그 대가로 미생물들은 서식지와 양분을 얻게 되는 것이고, 우리는 자연의 오묘한 조화에 그저 감탄할 뿐이다.

3 | 생명체의 멀티엔터테이너, 단백질

종류	기능	예시
효소 단백질	선택적으로 화학 반응의 속도를 높임	입에서 녹말을 분해하는 아밀라제 소화 효소
구조 단백질	몸을 구성하는 주된 물질	근육, 머리카락, 손톱
저장 단백질	아미노산의 저장 및 공급	우유에 들어 있는 카제인
운반 단백질	몸의 다른 부분으로 물질 운반	산소를 운반하는 헤모글로빈
호르몬 단백질	몸의 최적 상태 유지	혈당 농도를 조절하는 인슐린
수용체 단백질	자극에 대한 반응	화학 신호를 감지하는 신경 세포막 단백질
운동 단백질	운동	근육 운동을 담당하는 액틴과 미오신
방어 단백질	병원성 생물에 대한 방어	항체

앞의 표에 정리된 바와 같이 생명체의 거의 모든 기능에 관여하는 단백질의 기본 구성 성분은 아미노산이다. 아미노산은 탄소 원자 하나에 아미노기, 카르복실기, 수소 원자, 그리고 곁사슬(R로 표시)이 붙어 있는 구조인데, 모든 아미노산은 곁사슬만 다를 뿐 나머지 구조는 동일하다. 아래 그림에서 보듯이 한 아미노산의 카르복실기가 인접한 아미노산의 아미노기를 만나면 물(H_2O)이 빠지며 연결되어 펩티드 결합을 이룬다. 이 결합이 2~12개 정도이면 올리고펩티드, 이보다 더 많으면 폴리펩티드라고 한다.

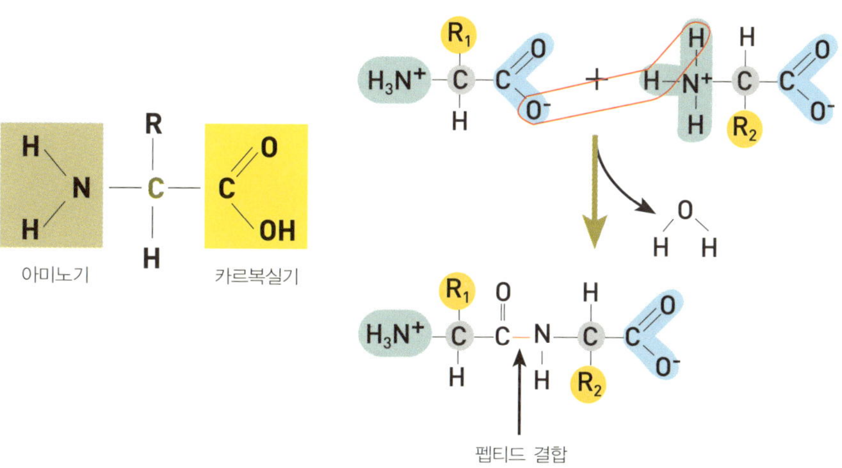

단백질의 종류는 매우 많지만 모든 단백질은 약 20종의 아미노산의 조합으로 이루어진다. 몸에서 합성되지 않는 아미노산은 동물성 또는 식물성 단백질이 포함된 음식물을 통해 섭취해야 하는데, 이들을 필수 아미노산이라고 한다. 결국 우리가 먹은 음식에 들어 있는 아미노산 중 상당수가 곧 우리 몸의 구성 물질이 된다는 얘기이다. 사실 아미노산뿐 아니라 우리 몸을 이루는 모든 영양소는 생물체 사이를 그리고 생물체와 환경 사이를 끊임없이 오가는 것이니, 사람은 흙에서 왔다가 흙으로 돌아간다는 말에는 생물학적으로도 중요한 의미가 담겨 있다.

단백질은 '폼생폼사'다. 왜냐하면 단백질의 다양한 기능 수행 여부는 단백질의 구조에 의해서 결정되기 때문이다. 다시 말해서 열 또는 화학 물질 등에 의해서 구조에 변화가 생긴 단백질은 그 기능을 제대로 수행할 수 없다. 단백질 구조에는 네 가지 단계가 있다. 펩티드 결합으로 연결된 아미노산 사슬인 1차 구조, 폴리펩티드 사슬의 일부가 꼬이거나 접힌 구조를 가지는 2차 구조, 아미노산 곁사슬 간의 상호 작용에 의해 단백질 전체 모습이 형성되는 3차 구조, 그리고 두 개 이상의 폴리펩티드 사슬이 모여서 하나의 단백질을 이루는 4차 구조.

• • 단백질의 변성과 복원 • •

열 또는 화학 물질에 의해서 단백질의 입체 구조를 유지하고 있는 화학 결합(수소 결합, 이온 결합, 이황화 결합 등)이 깨져 단백질의 구조가 풀리면 그 모양이 바뀌어(변성) 단백질은 제 기능을 수행할 수가 없다. 이러한 형태의 단백질이 용해된 상태로 남아 있다면 주변 환경이 정상화되었을 때, 원래의 모습으로 돌아올 수도 있다(복원). 그러나 삶은 달걀처럼 단백질이 불용성으로 응고되면 복원될 수 없다. 고열이 우리 몸에 치명적인 이유를 단백질의 변성에 의한 기능의 상실이라는 관점에서 생각해 볼 수 있다.

4 | 지방에 대한 오해와 진실

지방을 건강의 적으로 생각하는 사람들이 많은데, 문제는 지방 자체가 아니라 지방의 양이다. 정확한 표현은 지방이 아니라 지질이다. 지질에는 지방, 인지질, 스테로이드 등이 있는데, 음식물로 섭취되는 지질은 대부분 지방이다.

지방은 중요한 에너지원일 뿐만 아니라 우리 몸의 단열재 역할도 한다. 인지질은 세포막을 비롯한 모든 생체막의 주성분이고, 대표적인 스테로이드인 콜레스테롤은 모든 동물 세포막의 공통된 구성 성분이다. 특히 척추 동물의 성호르몬을 포함해 많은 호르몬이 콜레스테롤로부터 만들어진다. 지질이 이렇게 중요한 영양소이지만 피 속에 동물성 지방이나 콜레스테롤 양이 지나치게 많아지면 동맥 경화와 같은 병을 일으킬 수 있으니, 건강을 위해서는 체내 지질의 양을 많지도 적지도 않게 유지해야 한다. 참고로 전문가들은 하루에 필요한 총에너지의 60~80%는 탄수화물로, 14~18%는 단백질로, 나머지 10%는 정도는 지방으로 보충하는 것이 건강에 좋다고 얘기한다. 쉽게 말해서 편식하지 않고 음식을 골고루 먹는 것이 중요하다는 얘기다.

1970년대까지만 해도 툭 튀어 나온 중년 남성의 배를 사장배라고 부르며, 이를 부러워하는 이들도 있었다. 사실 몸에 지방이 많이 있는 것은 부러워할 만한 일이다. 지금이 아니고 수만 년 전 수렵 채집인으로 살았던 우리의 조상들에게는 말이다. 먹거리 확보가 쉽지 않았던 그 시절에는 기회가 있을 때 기름진 음식을 최대한 많이 먹고 이를 저장해 두는 것이 생존에 유리했을 것이다. 즉, 영양소가 풍부할 때 이를 최대로 흡수하여 지방과 같은 고에너지 분자로 체내에 저장할 수 있게 하는 유전자를 가지고 있는 개체는 그렇지 않은 개체에 비해서 기근을 극복하고 살아남을 확률이 높았을 것이다.

대부분의 사람이 다이어트에 실패하는 가장 큰 이유가 무엇인가? 운동을 하지 않아서인가? 아니다. 음식 조절에 실패하기 때문이다. 주말 오후 한 시간 이상의 운동을 마치고 샤워로 땀을 씻어낸 후 뿌듯한 마음과 개운한 느낌에 흠뻑 젖어 소파에 앉아 TV를 켠 순간, 음료 광고가 나온다. 설상가상으로 치킨 광고가 그 뒤를 잇는다. 참기 어려운 충동을 느낀다. 딱 오늘 하루만이라고, 내일부터 시작해야지 하는 자기 합리화 경험이 있는 사람은 알 것이다. 먹는 것을 놓고 벌어지는 본능과의 싸움에서 이성이 이기기가 쉽지 않다는 것을. 지금처럼 늘 먹거리가 풍부한 상황에서도 많은 경우 우리는 식욕이라는 본능에 굴복하고 만다. 한 번만 더 생각하면 당연한 일일 수도 있다. 있을 때 많이 먹도록 지시한 유전자가 인류의 생존에 기여한 바를 인정한다면. 인정할 것은 인정하자. 먹다 지쳐 잠들어도 아침에 눈을 떠 원하면 그 즉시 또 먹을 수 있는 특권을 누릴 수 있는 생물은 인간뿐임을. 그러나 상기하자. 만물의 영장이라고 자부하는 인간이라면 때로는 본능도 이겨낼 수 있는 이성을 갖추어야 한다는 사실을.

깊게 보기

포화 지방과 불포화 지방

- 글리세롤(glycerol) : 탄소 세 개로 이루어진 알코올('-ol' 로 끝나는 이름을 주목)로 -OH기 세 개를 가짐.

- 지방산(fatty acid): 한쪽 끝에 카르복실기(-COOH)를 가지고 있는 탄화수소의 사슬

- 글리세롤 + 지방산 = 지방(fat)

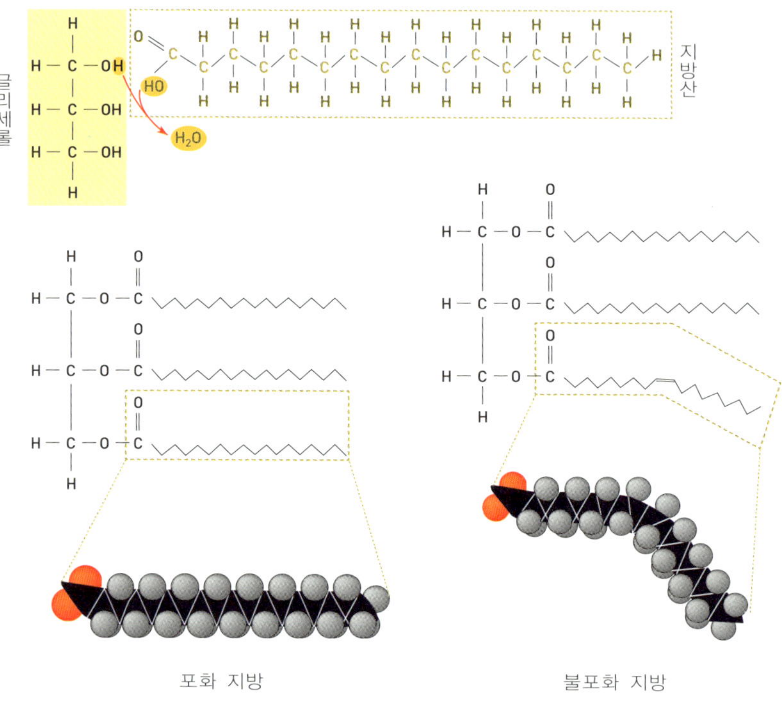

위 그림에서 보듯이 글리세롤과 지방산이 만나 물 분자가 빠지면서(탈수 반응) 연결되면, 한 분자의 글리세롤에 세 분자의 지방산이 붙은 트리글리세리드 (triglyceride)가 만들어진다. 중성 지방인 트리글리세리드는 여러 가지 가공 식품 성분표에서 자주 볼 수 있다.

탄소가 모두 단일 결합을 이루고 있으면 포화 지방산이라고 하며, 이중 결합 이 있는 지방산은 불포화 지방산이라고 부르는데, 지방을 이루는 지방산의 포 화 유무에 따라 포화 지방과 불포화 지방으로 구별되는 것이다. 대부분의 동물성 지방은 포화 지방으로서 상온에서 고체 상태인 반면 식물과 생선의 지방은 보통 불포화 지방으로서 상온에서 액상으로 존재한다. 이처럼 포화 지방과 불포화 지방이 상온에서 고체와 액체라는 상이한 모습으로 존재하는 근본적인 이유는 이중 결합이 있는 곳에서는 탄소 간의 연결 사슬이 뒤틀려지기 때문에 포화 지방에 비해서 불포화 지방 분자들은 덜 조밀하게 배열되기 때문이다.

5 | 비타민 음료는 불공평하다(?)

몸 안에서 생성되는 유해 산소를 제거하여 세포를 건강하게 유지하는 데에 도움을 준다는 비타민 C를 다량으로 함유한 비타민 음료가 인기이다. 자세히 성분표를 보니 비타민 C말고도 비타민 B성분이 일부 들어 있다. 그런데 왜 비타민 A, D, E, K는 전혀 들어 있지 않을까?

비타민에는 수용성(B복합체와 C)과 지용성(A, D, E, K)이 있다. 수용성 비타민은 물에 잘 녹기 때문에 과다하게 섭취된 비타민은 소변으로 배출된다. 비타민 음료를 먹은 다음에 소변이 노랗게 변하는 것은 과다한 수용성 비타민이 배설된 것으로 보면 된다. 그러나 지용성 비타민은 체내 지방에 축적되기 때문에 지나치게 섭취하면 오히려 부작용이 생겨 몸에 해롭다. 비타민 음료에 지용성 비타민이 빠진 이유를 이제는 알겠다.

3

영양소의 추출, 흡수, 이동
: 소화

자연은 동사 '먹다'의 능동형과 수동형으로 이루어진다.
(The whole nature is a conjugation of the verb to eat,
in the active and passive.)
– 윌리엄 랠프 잉(영국의 신학자, 1860–1954)

사람의 소화 과정은 중앙 컨베이어 벨트(소화관)를 따라 이동하는 원료(음식물)를 여러 숙련공(소화 효소)이 가공하여(소화) 다양한 제품(포도당, 아미노산, 지방산 등)을 만드는 생산 공정과 흡사하다. 또한 영양소의 흡수와 이동은 생산된 제품을 종류별로 포장하여 주요 물류 창고로 보내는 과정에 해당한다고 볼 수 있다.

1 │ 입에서의 소화

소화는 섭취한 음식물을 체내로 흡수될 수 있도록 작은 크기로 분해하는 과정이다. 식사 시간에 어머니들은 꼭꼭 씹어 맛있게 먹으라는 말씀을 자주 하신다. 입에서는 일단 음식물이 잘게 부서져 침과 섞이는 기계적 소화와 침에 있는 아밀라제라는 소화 효소에 의해 녹말이 엿당으로 분해되는 화학적 소화가 일어난다. 엿당은 달콤하니까 밥은 씹을수록 단맛이 나는 것이니, 우리의 어머니들은 참으로 과학적이시다.

지금 직접 해보면 알겠지만 꿀꺽 침을 삼키면 식도가 꿈틀거리는 느낌을 받을 것이다. 이것이 바로 연동 운동이라는 식도의 수축 이완 작용으로 음식물을 위로 내려 보내는 원동력이고, 이 때문에 물구나무 서서도 음식을 먹을 수 있다.

2 │ 위에서의 소화

위는 뿡망치 같은 주름과 유연한 근육벽을 가지고 있기 때문에 약 2l 정도의 물과 음식이 들어갈 수 있도록 늘어날 수 있을 뿐만 아니라, 연속적으로 근육이 수축하고 이완하면서 들어온 음식물과 위액이 잘 섞이도록 해준다. 음식물이 들어오면 위샘에서 분비되는 위액에는 염산(HCl)과 단백질 분해 효소인 펩시노겐이 들어 있다. 염산 때문에 위액은 철사를 녹일 수 있을 정도로 강한 산성(pH2)을 띠는데, 이로 인해 음식물과 함께 들어온 세균도 죽고 단백질이 변성되어 펩티드 결합이 노출됨으로써 펩신에 의한 단백질 분해가 훨씬 용이해진다. 사실상 비활성 상태의 펩시노겐을 펩신으로 전환하는 것도 염산의 작용이다. 결국 염산과 펩신의 협공을 받은 단백질은 작은 폴리펩티드로 잘라진다. 그런데 단백질이 주성분인 근육으로 이루어진 위벽은 어떻게 멀쩡할 수 있을까?

위벽 세포들은 뮤신이라는 점액을 분비하여 염산으로부터 위벽을 보호한다. 음주와 흡연을 하거나 정신적 스트레스를 받으면 위산이 과다 분비되어 위 점막을 손상시킬 수 있는데, 이것이 바로 흔히 말하는 속쓰림의 원인이다. 심한 경우에는 위염과 위궤양으로 이어질 수 있으니 절제 있는 생활 습관이 건강 유지의 기본임을 보여주는 또 하나의 사례라 하겠다.

위의 위쪽과 아래쪽에는 각각 식도와 소장이 연결되는데, 이 연결 부위에는 괄약근이 있어서 대부분의 시간 동안 위의 양끝은 닫혀 있다. 위액의 강산성을 생각하면 당연히 그래야만 한다. 위에서 소화가 된 음식물은 한 번에 조금씩 소장으로 이동하기 때문에 식사 후 위가 완전히 비워지는 데는 2~6시간 정도 걸린다.

🔍 깊게 보기

• • 위안에 나 있다: 헬리코박터 파이로리(*Helicobacter pyroli*) • •

Helicobacter 속(屬, genus)명은 그 형태가 나선형(helix)임을 의미하고 *pyroli*라는 종(種, species)명은 이 세균이 주로 pylorus〔유문(幽門): 위와 십이지장의 경계 부분〕에 서식하기 때문에 붙여진 이름이다.

헬리코박터 파이로리의 위 속 생존 전략은 이렇다. 끝부분이 도드라진 특수한 형태의 편모를 이용하여 끈적거리는 위 점액 속을 헤엄쳐(일반 편모를 가진 세균들은 위 점액에서 움직이지 못함) 위 점막층 안에 자리를 잡고, 음식물에서 유래하는 미량의 요소를 분해하여 암모니아를 생산함으로써, 자기 주변에 있는 염산을 중화시킨다.

헬리코박터 파이로리를 처음으로 발견한 다음, 이것이 위나 십이지장의 보호 점막을 파고들어가 위염이나 심하면 위궤양까지 일으킨다는 사실을 입증하기 위한 과학자의 노력은 그야말로 처절할 정도였다. 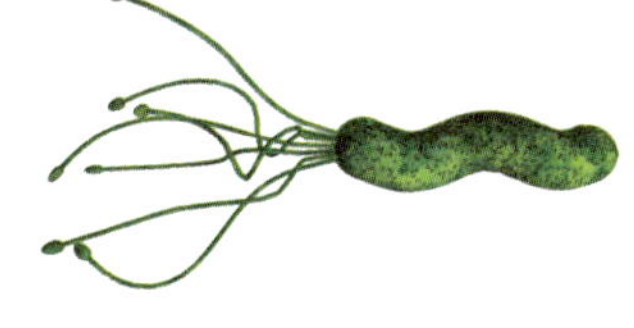 1979년 호주의 워렌(Rovin Warren) 박사가 위에서 살고 있는 세균을 발견하였고, 1982년 역시 호주의 마샬(Barry Marshall) 박사가 헬리코박터 파이로리 세균의 분리 배양에 성공하였다. 그러나 염산 용액이 소용돌이치는 위에서는 어떤 생명체도 살 수 없다는 기존 학설을 신봉했던 대부분의 과학자들은 이들의 연구 성과를 믿으려 하지 않았다.

철옹성 같은 고정 관념을 깨기 위해서 마샬 박사는 급기야 자신을 대상으로 한 생체 실험(?)을 감행했다. 헬리코박터 파이로리 배양액을 한 컵이나 마셔버린 것. 며칠 후 그는 위염 증세를 보였고 내시경 검사를 통해서 위염 발생 부위에 헬리코박터 파이로리가 있음이 확인되었다. 이후, 항생제를 복용한 마샬 박사는 그의 예견대로 위염을 치료할 수 있었다. 결국 과음, 불규칙한 식사, 스트레스뿐만 아니라 헬리코박터 파이로리의 감염도 위궤양을 일으키며, 이는 항생제로 치료될 수 있다는 사실을 명확하게 규명하였고, 이 공로로 마샬과 워렌 박사는 2005년 노벨생리의학상을 수상하는 영광을 안았다.

3 | 소장에서의 소화

비록 대장보다 지름이 작아서 소장이라는 이름을 얻었지만, 소장은 소화관 중 가장 긴 부분으로 본격적인 소화가 이루어지는 곳이다. 소장은 크게 십이지장, 공장, 회장 세 부분으로 나뉜다. 십이지장(十二指腸)의 한자 표현을 그대로 풀어보면 12개 손가락이라는 뜻인데, 사람의 십이지장 길이가 옆으로 나란히 놓인 손가락 12개의 폭과 같다고 하여 붙여진 이름이다. 사실상 영문명인 duodenum에도 12를 의미하는 라틴어 어원(duodeni, twelve each)이 들어 있다. 약 25cm인 사람의 십이지장은 영어 알파벳 'C' 모양으로 세면대와 아래 배수관의 연결 부위를 연상시킨다. 위(胃)에서 십이지장으로 음식이 내려오면 이자, 쓸개 그리고 간과 소장 자체에서 십이지장으로 소화액이 반사적으로 분비되기 때문에 십이지장을 샘창자라고도 부른다.

이자액에는 단백질 분해 효소인 트립신과 키모트립신, 지방 분해 효소인 리파아제, 그리고 아밀라제 등의 소화 효소 외에도 탄산수소나트륨($NaHCO_3$)이 들어 있어서 위에서 내려온 산성의 음식물을 중화시킨다($HCl + NaHCO_3 \rightarrow NaCl + H_2O + CO_2$). 간에서 만들어져 쓸개에 저장되었다가 분비되는 쓸개즙은 비록 소화 효소는 없지만, 뭉쳐 덩어리진 지방을 잘게 쪼개서 지방의 소화와 흡수를 돕는다. 지방의 분해는 소장에서 시작된다. 소장의 융털 사이에 있는 장샘에서는 여러 가지 종류의 소화 효소가 함유된 장액을 분비해서 탄수화물과 단백질을 단당류와 아미노산으로 완전히 분해하여 소장에서의 효소 소화를 완결한다. 소장에서 일어나는 대부분의 소화는 음식물이 십이지장을 포함한 소장의 앞부분에서 끝나며, 소장의 나머지 부분은 주로 영양분의 흡수를 담당한다.

십이지장 다음에는 빈창자라는 뜻을 가진 공장(空腸)이 이어진다. 약 2m 정도인 공장의 주 기능은 양분 흡수인데, 끼니 사이에는 보통 비어 있게 되기 때문에 공장이라는 이름을 얻었다. 소장의 마지막 부분인 회장(回腸)과 공장의 뚜렷한 경계는 없으나, 몇 가지 모양의 차이는 있다. 회장보다 굵은 공장은 그 벽도 더 두껍고 혈관도 더 많이 분포해 있다. 공장보다 가는 회장은 벽도 얇고 혈관의 분포도 적을 뿐만 아니라, 흡사 구불구불하게 돌아가는 길처럼 보인다. 회장, 즉 돌창자라는 이름도 이런 연유로 붙게 되었다. 그러고 보니 꼬불꼬불하며 험한 산길을 이르는 말인 구절양장(九折羊腸)이란 사자성어를 글자 그대로 풀면 아홉 번 꼬부라진 양의 창자라는 뜻이네!

 **넓게 보기**

· · ﹒ 쓸개가 빠지면? ﹒ · ·

우리 속담 중에는 원래 비유의 뜻과는 무관하게 나름대로의 생물학적 의미를 찾아볼 수 있는 것들이 있다. 정신을 바로 차리지 못하는 사람을 낮잡아 '쓸개 빠진 놈'이라고 부르곤 하는데, 정말로 쓸개가 없으면 제대로 정신을 차리지 못할까? 담낭(膽囊, 쓸개 담; 주머니 낭)이라고도 하는 쓸개의 주 기능은 쓸개즙을 보관하는 것이다. 이름 때문에 쓸개즙이 쓸개에서 만들어진다고 생각하기 쉬우나, 쓸개즙은 간에서 생성되어 쓸개에 보관되었다가 십이지장으로 분비된다. 따라서 쓸개가 없어도 쓸개즙 생산에는 별 문제가 없는 셈이다. 쓸개즙은 소화 효소를 가지고 있지 않아서 소화 작용에 직접 참여하지는 않고, 지방을 작은 조각으로 만들어줌으로써 지방의 소화와 흡수를 돕는 역할을 한다. 쓸개와 쓸개즙의 기능에 근거해서 추측해보면 쓸개가 빠지면 지방 소화에 지장이 있을 수는 있겠지만, 정신이 나갈 것 같지는 않다. 실제로 쓸개가 없는 경우 많은 양의 지방을 한꺼번에 섭취하면 소화불량이 생길 수 있지만 평상시 음식의 소화에는 큰 문제가 없다고 한다. 그런데 이 시점에서 왠지 모르게 "간에 붙었다 쓸개에 붙었다 한다"라는 또 하나의 속담이 떠오른다. 간에서 만들어져 쓸개에 잠시 머무는 쓸개즙 때문인가?

4 | 대장에서의 소화

소화관의 맨 끝부분을 차지하는 대장은 T자 형태로 소장과 연결된다. T자의 한 팔을 이루는 결장은 약 1.5m의 길이로 직장과 항문으로 이어진다. T자의 반대쪽 팔은 맹장을 이룬다. 사람은 다른 포유류보다 상대적으로 작은 맹장을 가지고 있다. 대장에서는 소화액이 분비되지 않기 때문에 소화 효소에 의한 소화는 일어나지 않고 소장에서 흡수되고 남은 찌꺼기로부터 수분이 흡수되는데, 이것이 결장의 주요 기능이다. 따라서 연동 운동에 의해서 결장을 따라 이동하는 동안(약 12~24시간 정도) 소화되지 않은 찌꺼기는 물이 빠지면서 점점 단단해진다. 만약 감염 등으로 결장이 제대로 물을 흡수하지 못하면 설사를 하게 되고, 반대로 연동 운동이 너무 느려지면 물이 과도하게 흡수되어 변비가 된다.

우리 몸 구석구석에는 우리의 세포 수보다 약 10배 정도 많은 수의 다양한 미생물(대다수가 세균임)들이 나름대로 생태계를 구성하며 살고 있다. 이들과 우리는 함께 작용하여 시너지 효과를 얻도록 진화해 왔다. 가장 많은 수의 세균이 존재하는 장에는 100조 개 이상의 세균이 살고 있다. 이들 장내 세균은 사람에게 유익한 여러 가지 반응을 수행한다. 대표적으로 사람이 합성하지 못하는 비타민 B_{12} 와 K를 만들어준다. 또한 쓸개즙에 포함되어 방출된 스테로이드는 장내 세균에 의해 변형되어 다시 장으로 흡수된다.

장내 세균의 구성은 개인이 먹는 음식에 따라 달라진다. 한 예로 고기를 즐겨 먹는 사람은 야채를 좋아하는 사람보다 단백질 분해 능력이 강한 장내 세균을 많이 가지고 있다. 경구용 항생제를 장기간 복용하면 병원균뿐만 아니라 정상 장내 세균 집단에도 손상을 주게 되는데, 이들이 제대로 복원되지 않으면 다른 잡균들이 빈자리를 차지하게 되어 해로운 변화를 초래하고 질병을 일으킬 수도 있다. 유산 균이 풍부한 음식은 정상 장내 세균 집단의 복원 및 유지를 돕고 결과적으로는 우리의 건강에도 이로움을 주게 된다. 이쯤되면 우리가 즐겨 마시는 유산균 음료가 도대체 장내 세균을 위한 것인지, 아니면

한눈에 쏙! 생물 지도

우리 몸을 위한 것인지가 아리송해진다. 그러나 한 가지 의문점은 풀렸다. 세균이라고 하면 더럽다며 싫어하는 사람들이 수백만 마리의 유산균은 좋아라 마시고, 또 유산균을 장까지 살려서 보내겠다고 캡슐까지 씌운다고 하더니, 급기야 'X변(便)'이라는 이름의 유산균 음료까지 만들어내서 참 요지경 세상이라 생각했었는데 말이다.

5 | 영양소의 흡수와 이동

앞에서 이미 언급한 대로 음식물에서 뽑아낸 영양소의 대부분은 소장에서 흡수된다. 소장의 안쪽 표면은 주름져 있고, 여기에 손가락 모양의 융털이 무수히 나 있는데, 융털은 다시 융털 돌기로 덮여 있

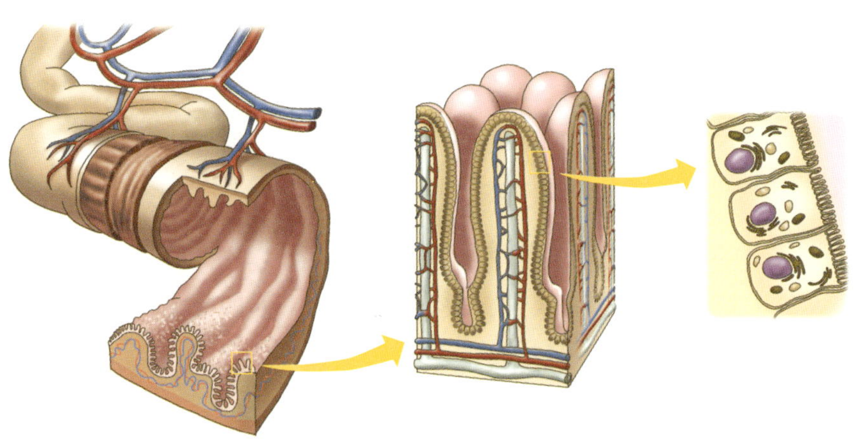

소장의 단면과 융털의 구조

다. 주름지고 돌기가 난 구조 때문에 소장의 표면적은 엄청나게 넓어져서 영양소를 빠른 속도로 상피 세포로 흡수할 수 있다.

상피 세포로 흡수된 영양분은 그 종류에 따라 이동 경로가 달라진다. 수용성 영양소(단당류, 아미노산, 수용성 비타민, 무기 염류 등)들은 모세 혈관으로 이동한다. 반면 지용성 영양소(지방의 소화의 생산물, 지용성 비타민 등)는 암죽관으로 보내진다. 특히 지방의 소화로 생긴 지방산과 글리세롤(44쪽 그림 참조)은 상피 세포에서 작은 지방으로 재조합된 다음 이동한다.

림프계의 일부분인 암죽관으로 흡수된 지용성 영양소들은 림프계로 배출되었다가 가슴관을 거쳐서 혈액으로 운반되어 결국 심장으로 들어간다. 모세 혈관에 집결한 수용성 영양소들은 이어지는 간문맥을 따라 간에 도달한 다음, 다시 간정맥을 타고 심장으로 이동한다. 심장에 도달한 영양소들은 혈액에 의해 몸 전체로 배송된다.

영양소들이 직접 심장으로 가지 않고 간을 거쳐 돌아가는 데에는 중요한 의미가 있다. 우선 간이 몸 전체로 배송되는 영양소를 통제할 수 있기 때문이다. 일명 우리 '몸의 화학 공장' 이라고 불리는 간은 들어온 영양소를 가공할 수 있기 때문에 간문맥을 통해 들어온 혈액과 다른 영양소 성분을 가진 혈액을 심장에 보낼 수 있다. 한 예로, 음식물에 포함되어 있는 탄수화물의 양에 상관없이 간에서 나가는 혈액은 거의 일정한 수준의 혈당량을 유지한다. 또 하나의 중요한 이유는 혈액이 심장을 거쳐 몸 전체를 순환하기 전에 유해 성분을 제거하는 해독 작용을 수행할 수 있다는 것이다.

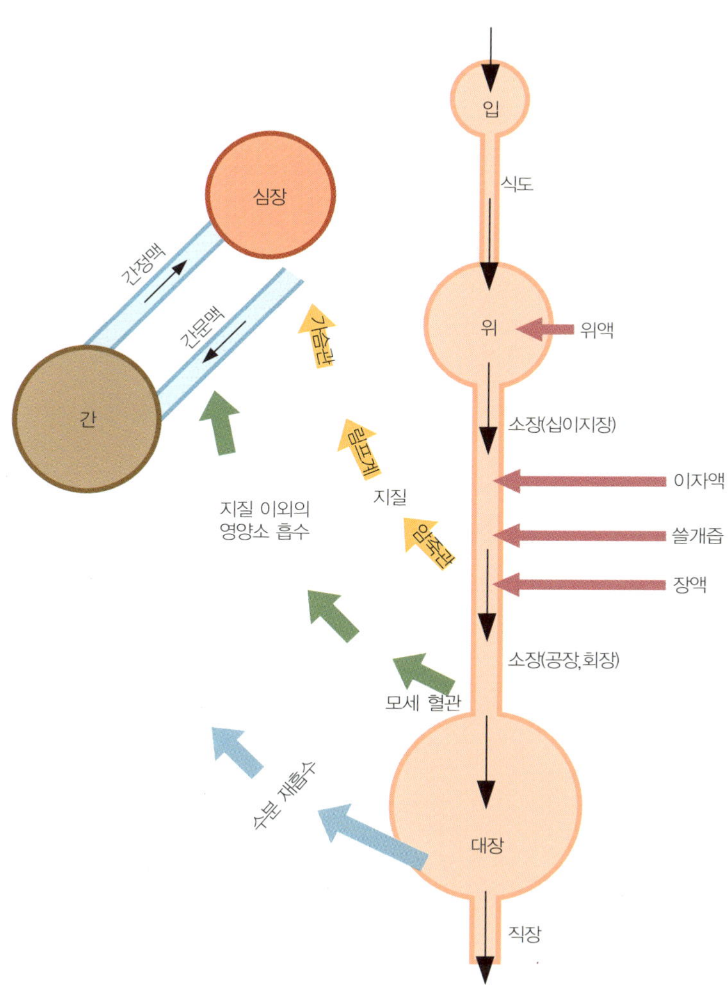

소화 과정과 영양소의 이동 경로

● ● '간(肝)'을 간과하지 말자 ● ●

육달월변[月(肉)]과 방패 간(干)이 합쳐진 '肝' 자는 글자 그대로 몸의 방패라는 뜻이다. 간은 본문에서 설명한 소화 관련 기능 이외에도 해독 작용, 혈류 조절, 혈액 응고 방지 물질인 헤파린과 혈액 응고에 관여하는 프로트롬빈 및 피브리노겐 합성, 체온 조절 등 생명을 유지하는 데 필수적인 많은 기능을 수행한다. 이처럼 간은 무척 중요하고 바쁜 장기이다. 이런 장기를 도와주지는 못할망정 더 혹사시켜서야 되겠는가? 간을 혹사하는 대표적인 사례로 과도한 음주를 꼽을 수 있다. 간이 알코올을 분해할 수는 있지만, 간 자체도 알코올과 분해 산물인 아세트알데히드에 의해 손상을 입는다. 이러한 간 손상의 초기 단계인 알코올성 지방간은 알코올성 간염으로 진행되는데, 이 질환들 초기에는 별다른 증상이 없다. 이 때문에 많은 사람들이 간이 나빠지는지도 모르고 그냥 방치한 채 계속 술을 마시다가 불행하게도 '간경화'를 얻게 된다. 간경화는 술을 끊어도 호전되지 않으며 간의 재생 능력도 상실시키고 결국에는 간암으로 진행된다. 요즈음 사회적으로 건전한 음주 문화를 만들자는 목소리가 높다. 쨍소리와 함께 울려퍼지는 '위하여' 소리에 묻힌 간의 신음소리를 간과하지 말자.

몸에서 일어나는
물류 배송 서비스
: 순환

우유를 배달시켜 먹는 사람보다
배달하는 사람이 더 건강하다.

– 서양 속담

바로 앞장에서 음식물 소화 과정을 설명하기 위해 사용했던 제품 생산 공장 비유를 이어가보자. 흡수된 각 영양소가 제품이라면, 심장은 전국으로 제품을 배송하는 출하부에, 그리고 간은 출하부로 제품을 보내기 전에 최종 마무리 및 점검을 하는 품질관리부에 비유할 수 있다. 그럼 물류 운반 업무에 비유되는 일을 수행하는 우리 몸의 구성원은 무엇일까? 바로 혈관이라는 도로를 타고 머리부터 발끝까지 온몸 구석구석을 순환하는 혈액이다. 이번 장은 우리 몸에서 일어나는 물질 운반(순환)에 대한 얘기이다.

1 | 피는 물보다 진하다 ː 혈액의 구성 성분

우리나라 전통 먹을거리인 미숫가루가 건강식으로 인기를 얻고 있다. 혈액 이야기를 하면서 뜬금없이 미숫가루 얘기를 꺼낸 이유는 바로 혈액의 모양새가 마치 미숫가루를 탄 설탕물과 같기 때문이다. 미숫가루는 물에 섞여 있고 설탕은 물에 녹아 있는 상태에서 컵에 든 미숫가루액을 가만히 놓아두면 바닥으로 가라앉는다는 사실은 누구나 알고 있을 것이다. 혈액도 바로 이런 식이다. 즉, 설탕물에 해당하는 것이 혈장이고, 미숫가루처럼 액체(혈장)에 섞여 있는 입자들은 통틀어 혈구라고 부른다.

원심 분리를 통해 분리하면 사람 혈액의 혈장과 혈구는 각각 전체 혈액의 55%와 45%를 차지한다. 90%가 물인 혈장에는 각종 무기 염류, 단백질, 영양소 등이 녹아 있고, 혈구는 적혈구, 백혈구, 혈소판으로 구성되어 있다. 따라서 피가 물보다 진한 것은 당연한 이치이다. 혈액 구성물질의 종류와 기능은 61쪽에 요약되어 있다.

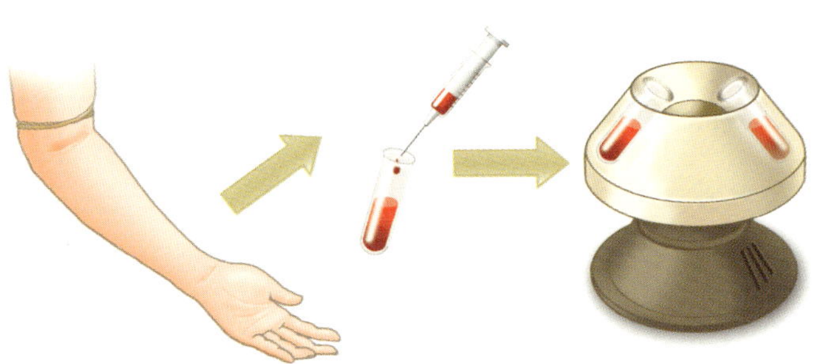

혈장(55%)

성분	기능
물(90%)	용매
나트륨, 칼륨, 칼슘 등 무기염류(9%)	혈액 삼투압 유지 혈액 pH 유지 (사람의 경우 7.4)
혈장 단백질: 알부민 피브리노겐 항체 단백질	혈액 삼투압 유지 혈액 pH 유지 혈액 응고 면역 반응
혈액 운반 물질 영양소(포도당, 지방산, 아미노산), 대사노폐물, 호르몬 등	

원심 분리기 : 원심력을 이용하여 물질의 무게에 따라 구성 성분을 분리하는 기계. 혼합액을 원심 분리 시험관에 넣고 고속으로 회전시키면 무거운 물질일수록 시험관 더 아래쪽으로 가라앉는다.

혈구(45%)

세포	개수/mm^3	기능
적혈구	남자: 500만 여자: 450만	헤모글로빈(피가 붉은 이유)에 의한 산소 및 이산화탄소 운반
백혈구	6,000~8,000	식균 작용
혈소판	20~30만	혈액 응고

건강 검진 시, 혈액 검사는 반드시 해야 하는 필수 검사 항목이다. 건강을 위한다니 하는 수 없이 하기는 하지만 멀쩡한 팔뚝에 주사 바늘이 들어가는 공포심과 고통을 인내하는 것이 분명 유쾌한 일은 아니다. 그런데 도대체 혈액 검사를 통해서 무엇을 얼마나 알 수 있을까? 혈액의 기능을 잘 생각해보면 이에 대한 해답을 얻을 수 있다. 혈액의 가장 중요한 기능은 물질 운반이다. 이러한 배송 업무 수행 차 몸의 구석구석을 누비고 다니다 보니 혈액은 몸의 상태에 대한 최신 정보를 가지고 있다. 영양소, 대사 물질 및 노폐물, 무기 염류, 그리고 호르몬 등은 혈장의 대부분을 차지하는 물에 의해서 운반된다. 따라서 혈장 성분 검사만으로도 몸 상태에 대한 구체적인 정보를 상당량 얻을 수 있다.

기체인 산소와 이산화탄소를 운반하는 적혈구와 경호원 역할을 수행하는 백혈구의 수도 중요한 자료를 제공한다. 간혹 길을 가다가 불량배를 만날 수 있는 것처럼 혈액도 온 몸을 다니다보면 우리 몸에 침입한 병원체들과 마주치게 된다. 이때 일차적으로 백혈구가 나서서 식균 작용을 통해 침입자들을 물리친다. 적혈구와 다르게 백혈구는 혈관 밖으로 나와 조직액이나 림프액을 드나들면서 외부 침입자를 감시한다.

몸에 감염 반응이 생기면 백혈구의 수가 일시적으로 증가하기 때문에 백혈구 수가 정상치보다 많다는 것은 몸 안 어디선가 침입자와

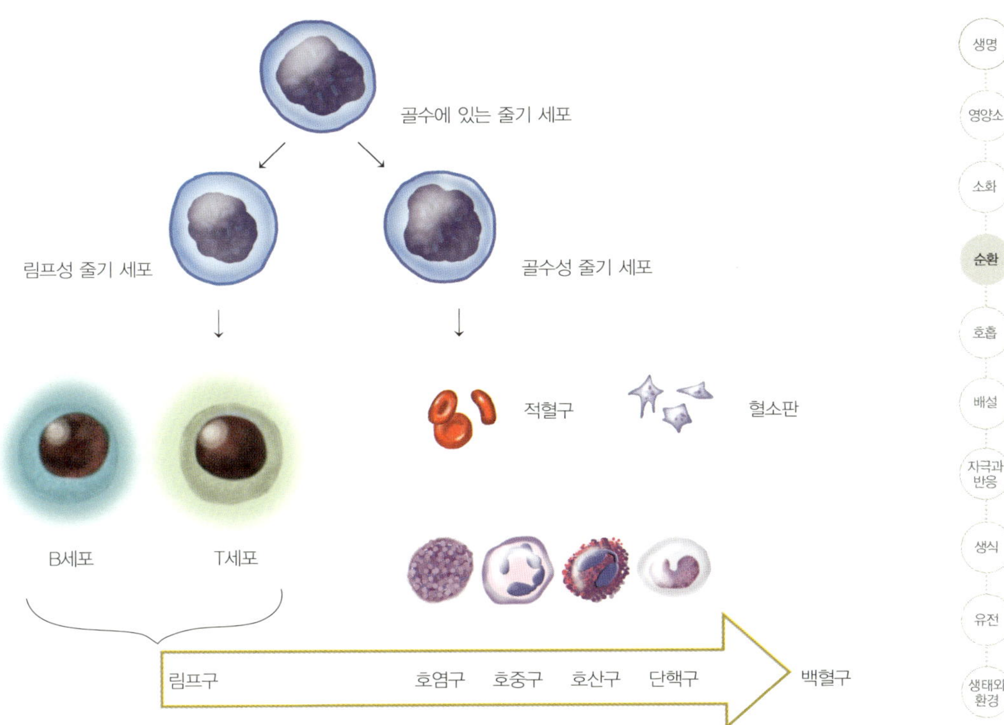

의 싸움이 있음을 암시한다. 싸우는 과정에서 백혈구도 피해를 입어 죽게 되는데, 흔히 고름이라고 말하는 물질의 상당 부분이 우리 몸을 위해 싸우다 전사한 백혈구의 잔해이다. 참고로 백혈구에는 호염구, 호중구, 호산구, 단핵구, 림프구 다섯 가지가 있고, 백혈구를 포함한 모든 혈구 세포는 골수에 있는 공통된 줄기 세포에서 유래한다는 사실도 알아두자.

• • 몸의 방어 체계 • •

● **1차 방어 체계** ｜ 피부(차단), 점막(감금), 눈물 등 분비액에 존재하는 리소자임(lysozyme, 세균 세포벽을 파괴하는 효소)

● **2차 방어 체계** ｜ 우리 몸에 정상적으로 살고 있는 미생물을 총칭하여 정상 균상(normal flora)이라고 한다. 이들에게는 우리의 몸이 서식지이자 식량공급원이기 때문에 이들 미생물들은 외부의 침입자로부터 자신의 집과 먹이를 보호하기 위해 방어막을 형성하는데, 이 덕분에 우리도 보호를 받게 된다.

● **3차 방어 체계** ｜ 1, 2차 방어망을 뚫고 침입한 병원체를 대비한 것으로 백혈구가 주도하는데, 크게 비특이적 방어와 특이적 방어 두 가지로 나눌 수 있다.

● **비특이적 방어** ｜ 호중구와 단핵구는 식균 작용에 관여한다. 또한 단핵구는 약 하루가 지나면 순환계를 떠나 조직으로 가서 대식 세포(macrophage)로 분화된다. 즉, 호중구, 단핵구, 그리고 대식 세포는 침입자를 무작위로 공격하는 방어 체계를 형성한다.

● **특이적 방어** ｜ 림프구는 식균 작용은 하지 않지만, 특정 침입자를 찾아내어 처리하는 특이적 방어 체계인 면역에 관여한다. 림프구에 발각되어 면역 반응을 불러오는 침입자(외래 분자)를 항원(antigen)이라고 한다. 가슴샘(흉선)으로 이동한 림프구는 T세포(가슴샘의 영단어인 thymus의 T)가 되고, 골수에 남아 있는 림프구는 B세포(골수의 영단어인 bone marrow의 B)가 되는데, B세포와 T세포에는 항원을 인식하여 결합하는 수용체가 존재한다. 또한 특별하게 분화된 B세포는 수용성 항원 수용체를 분비하는데, 이를 항체(antibody)라

고 한다. 각 항체에 존재하는 항원 결합 부위는 항원의 종류에 따라 다르기 때문에 특정 항체는 특정 항원하고만 결합한다. 이러한 현상을 **항원-항체 특이성**이라고 한다.

혈액 응고에 관여하는 혈소판은 골수의 특수 세포에서 떨어져 나온 세포질 조각이기 때문에 핵이 없다. 손상된 혈관 부위에 혈소판이 붙어 혈액이 새는 것을 임시로 차단하면, 혈장 단백질인 피브리노겐으로부터 불용성인 피브린이 만들어져 임시 마개를 강화시킨다. 아래 그림과 같이 혈액 응고는 프로트롬빈과 피브리노겐을 비롯한 단백질과 여러 가지 응고 인자(혈소판, 칼슘 등 혈장 내 응고 물질)들이 관여하는 다단계 반응으로서, 이들 중 하나라도 없으면

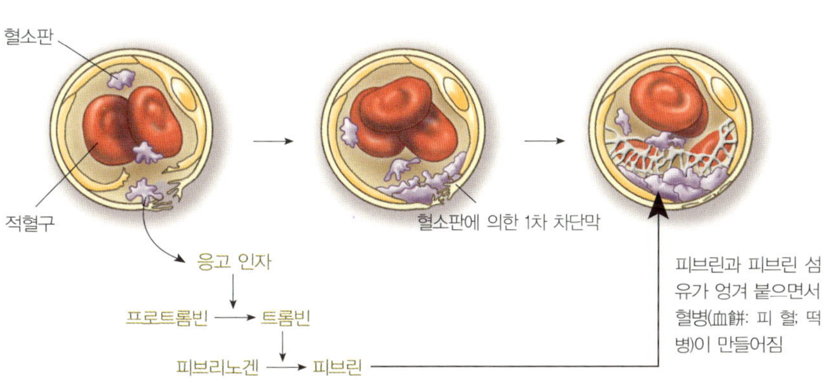

혈액 응고가 제대로 일어나지 않아 작은 상처에도 심한 출혈을 하게 된다. 유전적 결함 때문에 응고 인자를 하나 이상 만들지 못하면 혈우병이 유발된다.

3 │ 피도 짝이 있다 : 혈액형

혈액형과 성격을 연관시켜 A형, B형, O형, 또는 AB형 인간이라는 용어가 통용되는 걸 보면, 우리나라 사람 대부분은 혈액을 A, B, AB, O 네 가지로 구분하는 ABO식 혈액형에 대한 기본 지식을 가지고 있는 셈이다. 여기서 A와 B는 사람의 적혈구 표면에 있는 탄수화물의 종류를 나타내는데, 이 탄수화물이 방금 전에 설명한 항원 역할을 한다. 즉, A형과 B형 혈액의 적혈구에는 각각 항원 A와 항원 B가 존재한다. AB형 혈액의 적혈구는 두 개의 항원을 모두 가지고 있고, 반대로 O형 혈액의 적혈구에는 이러한 항원이 존재하지 않는다.

한편, 혈장에는 항원 A와 B에 대한 항체가 각각 존재한다. 여기서 잠깐 생각을 해보자. 항원 A를 가진 A형 혈액에는 어떤 항체가 존재할까? (힌트: 항원-항체 반응이 일어나면 적혈구가 응집되어 치명적임.) A형 혈액은 항원 B에 대한 항체를 가지고 있다. B형 혈액은 그 반대이고. AB형 혈액에는 두 가지 항체가 모두 없고, O형 혈액은 두 가지 항체 모두를 가지고 있다는 사실도 같은 맥락으로 이해할 수 있다. 따라서 O형 혈액은 항원이 없으니 응집이 일어나지 않고,

혈장에 있는 항체는 혈액을 받는 사람의 혈장에 의해 희석되기 때문에 모든 혈액형의 사람에게 수혈이 가능한 것이다. AB형은 이와 정반대의 경우이다.

혈액은 적혈구에 존재하는 또 다른 항원인 Rh항원 유무에 따라 Rh^+와 Rh^-로 구분되기도 한다. Rh^-인 사람이 Rh^+혈액을 수혈받으면 Rh 항원에 대한 항체가 형성되기 때문에 처음에는 괜찮지만 다시 Rh^+혈액을 수혈받으면 항원-항체 반응에 의해서 혈액이 응집된다. 따라서 Rh^-형은 Rh^-형끼리만 혈액을 주고받을 수 있다.

Rh항원은 우성 유전을 하기 때문에 부모 중 한 명이 Rh^+형이면 자식은 Rh^+가 된다. 이 때문에 아버지가 Rh^+이고 어머니가 Rh^-인 경우에는 문제가 생길 수 있다. 가만히 논리적으로 생각해보면 어떤 문제가 생길지 충분히 추측할 수 있다. 임신된 태아가 Rh^+인 경우, 출산 시 Rh^+인 태아의 혈액이 태반에 난 상처 등을 통해 산모의 체내로 들어가게 되면 산모의 체내에서 Rh 항원에 대한 항체가 만들어질 것이다. 정확한 추론이다. 그런데 Rh^+형의 첫 번째 아이를 출산한 어머니가 다음에도 Rh^+인 태아를 임신하게 되면 문제가 더욱 심각해진다. 산모의 혈액에 있는 Rh항체가 태아에게로 들어가 태아의 적혈구를 공격하여 치명적인 결과(적아 세포증)를 낳는다.

4 | 혈액 순환 펌프, 심장

심장은 4개의 공간으로 나누어져 있는데, 위쪽 두 개를 좌심방과 우심방 그리고 아래쪽 두 개를 좌심실과 우심실이라고 부른다. 또한 혈액이 심장으로 향하는 혈관에는 정맥, 심장에서 몸으로 향하는 혈관에는 동맥이라는 이름을 붙인다.

혈액의 순환 경로는 폐순환(소순환)과 체순환(대순환)으로 나누어져 있다. 폐에서 산소를 받아들이고 이산화탄소를 방출하는 폐순

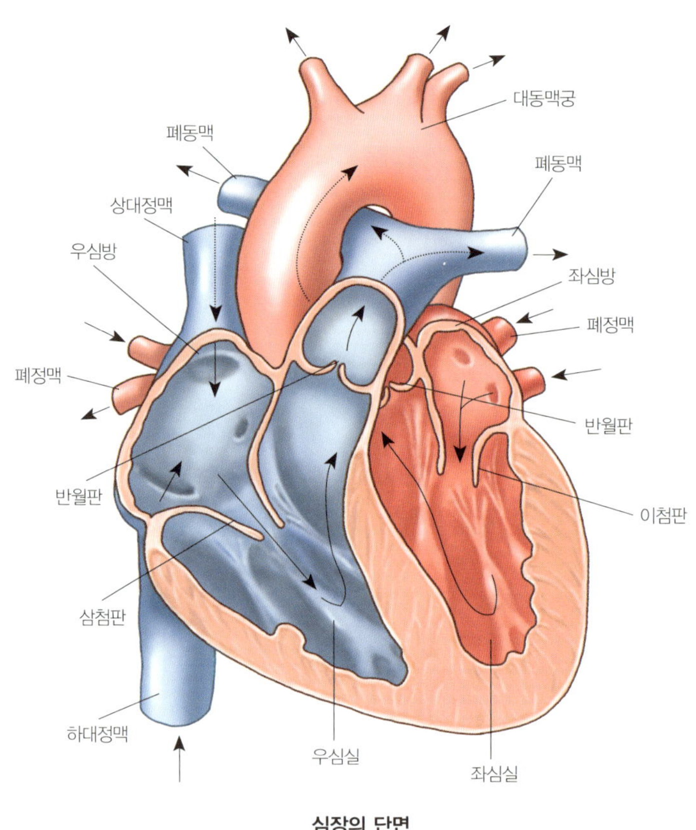

심장의 단면

환은 우심실에서 폐동맥을 통해 보내진 혈액이 폐의 모세 혈관에 도착하여 기체 교환을 마친 다음, 폐정맥을 타고 좌심방으로 돌아오는 경로이다.

좌심방으로 들어온 혈액은 좌심실→대동맥→동맥→온몸의 모세 혈관→정맥→대정맥→우심방의 순서로 온몸을 돌면서 산소와 영양소를 공급한다. 즉, 심방은 혈액을 접수하고 심실은 펌프(폐순환에서는 우심실, 체순환에서는 좌심실) 역할을 한다. 혈액은 심방으로 들어와 심실로 나가는데, 혹시 헷갈리면 '방실방실'을 떠올리길.

심장은 전체가 두꺼운 근육층으로 되어 있다. 펌프 역할을 하는 심실 근육이 심방 근육보다 더 두껍고, 특히 전신으로 혈액을 내보내는 좌심실 벽이 가장 두껍다. 생명체의 구조-기능 상관 관계를 보여주는 하나의 예이다. 내친김에 구조-기능 상관 관계에 근거하여 한 번 더 논리적 사고를 해보자. 심장에는 혈액 역류를 방지하기 위한 판막이 4개 존재한다. 좌우 심방과 심실 사이에 있는 이첨판과 삼첨판은 심실의 강력한 수축에 의해 닫히면서 심실에서 심방으로 혈액의 역류를 막는다. 한편, 좌우 심실과 동맥 사이에 위치한 반월판(반달 모양에서 유래)은 심실 수축에 의한 압력으로 열렸다가 심실이 이완할 때, 동맥에 형성된 높은 압력 때문에 혈액이 역류하는 것을 막아준다.

심장 박동은 혈액이 온몸을 순환할 수 있는 원동력이다. 안정 상태에서 심장은 1분에 70~80회 수축과 이완을 반복하여 혈액을 내보내는데, 이러한 1분간의 박동수를 심박수라고 한다. 또한 심장의 수축과 이완으로 생기는 동맥벽의 진동을 목이나 손목에서도 느낄 수 있는데, 이것이 바로 맥박이다. 따라서 보통 심박수와 맥박수는 일치하게 된다. 그런데 규칙적인 심장 박동은 어떻게 일어나고 유지될 수 있을까?

심장은 신경을 자르거나 몸 밖으로 떼어내더라도 한동안 박동을 할 수 있다. 이러한 심장 박동 자동성의 근원지는 대정맥과 우심방이 연결되는 곳에 존재하는 특수 근육 조직인 동방 결절〔또는 박동원(pacemaker)〕이다. 동방 결절은 전기 신호를 만드는데, 이 신호가 심방 벽을 타고 전달되어 모든 심방 세포가 동시에 수축하게 된다. 이러한 전기 신호는 체액을 타고 피부까지 전달되는데, 이것을 측정하는 것이 바로 심전도(electrocardiogram, ECG 또는 EKG) 검사이다.

심방 수축이 일어나는 동안 이 신호는 우심방과 우심실 사이에 있는 방실 결절에 도달한다. 여기서 전기 신호가 심실 벽으로 전달되기 전에 약 0.1초 머무름으로써, 심실이 수축하기 전에 혈액이 심방에서 심실로 이동할 수 있는 시간을 제공한다. 2008년 기준 한국인의 평균 수명인 79.1세에 심박수를 70회로 가정하여 계산하면, 우리의 심장은 평생 약 30억 번이나 수축과 이완 반복하는 셈이니 경이로울 뿐이다. 한편으로는 이토록 중요한 생명 펌프가 우리 의지에 의해서가 아니라 자율적으로 조절된다는 사실이 인명재천(人命在天)이라는 사자성어를 떠올리게 한다.

5 | 조직액과 림프

이미 설명한 대로 혈액은 생명이 활동하는 데 필수적인 산소와 영양소를 온 몸에 공급하고, 생명 활동 결과로 생긴 노폐물(이산화탄소, 암모니아 등)을 수거하여 이를 처리하는 장기(폐, 신장)로 운반하는데, 이러한 물질 교환은 모세 혈관벽을 통해서 이루어진다. 동맥 쪽에 가까운 모세 혈관의 혈압은 상대적으로 삼투압보다 크기 때문에 모세 혈관벽에 있는 작은 구멍을 통하여 혈장(혈액의 액체 성분)이 조직으로 빠져나가게 되는데, 이를 조직액이라고 한다.

모세 혈관이 정맥 쪽에 가까워질수록 혈압보다 삼투압이 높아지기 때문에 조직액의 대부분(약 85%)은 다시 모세 혈관으로 되돌아오고, 그렇지 못한 나머지 조직액은 림프관으로 들어가 림프가 된다. 림프의 성분은 혈장과 비슷하며 연한 노란색 액체이다. 그러나 소장에 분포하는 림프관 속의 림프에는 소장에서 흡수된 지방 성분이 들어 있기 때문에 우윳빛을 띠는데, 이를 특별히 암죽이라고 한다(암죽관도 림프관임을 상기하기 바람, 57쪽 그림 참조). 또한 '(2) 혈액의 기능' 편에서 설명한 대로 림프에는 백혈구의 일종인 림프구가 존재한다.

림프의 순환은 림프관을 통해서 이루어지는데, 왼쪽 상반신과 하반신 전체에 존재하는 모세 림프관들이 모여서 좌림프 총관을 이루고, 오른쪽 상반신의 모세 림프관들은 우림프 총관으로 모인다. 이들 림프 총관은 궁극적으로 우심방으로 들어가는 대정맥과 연결되어 혈액에 합류한다. 혈관과 달리 림프관은 한쪽 끝이 막혀 있고, 림프의 순환도 심장 박동이 아닌 몸 근육의 움직임에 따른 압력에 의한다. 따라서 장시간 가만히 앉아 있으면 다리의 림프 순환이 잘 일어나지 않아 붓게 된다(스트레칭, 걷기 등 생활 운동이 필요한 또 하나의 이유). 림프관 곳곳에는 림프액을 걸러주는 림프절이 있다. 림프절은 새로운 림프구를 만들기도 하는데, 우리 몸에 외부 침입자가 들어오면(감염) 림프절에서 림프구가 증식하여 림프절이 커지고 부드러워진다. 간혹 감기 등으로 아파서 병원에 가면 의사들이 목, 겨드랑이 등을 만져보는 이유가 바로 림프절의 상태를 점검하기 위해서이다.

6 │ 배송 지연과 사고의 주범 불법 주차를 막아라

불법 주차된 차들 때문에 소방차 진입이 지연되어 화재 피해가 커졌다는 뉴스를 접할 때마다 안타까운 마음을 금할 길이 없다. 사소한 실수와 무관심이 돌이킬 수 없는 재난으로 이어졌으니 말이다. 그런데 우리 몸에서도 이와 비슷한 일이 생길 수 있는데, 동맥 안쪽 벽에 지질이 축적되어 혈관이 딱딱해지고 좁아져서 혈액의 흐름에 지장을 주는 동맥 경화가 바로 그 대표적인 예이다.

혈액 내 콜레스테롤은 이러한 동맥 경화의 주된 요인 중 하나이다(건강 검진 혈액 검사 결과표에는 항상 콜레스테롤 수치가 표기되는 이유). 혈액 내 콜레스테롤은 단백질에 붙은 형태로 존재하는데, 크게 저밀도 지질 단백질(low-density lipoprorein, LDL)과 고밀도 지질 단백질(high-density lipoprorein, HDL) 두 가지가 있다. LDL은 혈관 내벽의 콜레스테롤 침적을 증가시키는 나쁜 콜레스테롤인 반면, HDL은 콜레스테롤 침적을 줄여주는 좋은 콜레스테롤로 알려져 있다.

동맥 경화가 심해지면 흔히 심장 마비라고 하는 심근경색이 생긴다. 이는 심장에 혈액을 공급하는 관상 동맥이 막혀 생기는 것으로, 계속해서 수축과 이완을 반복해야 하는 심장 근육은 많은 양의 산소를 필요로 하기 때문에 산소 공급이 이루어지지 않으면 곧 심장이 멈추게 된다. 동맥 경화와 연관된 또 한 가지의 순환기 질병인 뇌졸중은 주로 머리에 있는 동맥이 막히거나 터져서 발생한다.

동맥 경화는 나이가 들면서 누구에게나 생길 수 있는 성인병이지만 발병 연령과 정도는 개인 차이가 크다. 즉, 흡연, 비만, 고지혈, 또는 고혈압 등이 동맥 경화를 촉진시킨다고 하니, 이러한 사항에 대해서 평소에 조그만 더 신경을 쓰면 건강을 지키는 데 크게 도움이 된다. 규칙적인 운동은 LDL/HDL 비율을 낮추어준다고 한다. 또한 혈압은 손쉽게 측정할 수 있으니 고혈압(수축시 120mmHg 이상, 이완시 80mmHg 이상)도 쉽게 진단할 수 있다. 혈관은 우리의 생존을 위해서 혈액이라는 차량이 막힘 없이 다녀야 하는 도로이다. 이런 도로를 서서히 점유하는 불법 주차를 방치해서야 되겠는가? 금연과 체중 조절은 개인의 의지에 달린 것임을 기억하자.

삶의 활력(에너지) 만들기
: 호흡

그의 호흡이 끊어지면 흙으로 돌아가서
그날에 그의 생각이 소멸하리로다.
– 시편 146:4

일반적으로 에너지는 일을 할 수 있는 능력이라고 정의되는데, 물체가 그 상태를 바꾸어 다른 물체에 일을 할 수 있는 상태에 있을 때 그 물체는 에너지를 가지고 있다고 한다. 그렇다면 생명체의 에너지는 '삶을 유지하는 활력' 또는 '환경을 변화시킬 수 있는 능력'이라고 표현할 수 있을 것 같다. 그러고 보니 한때 유행한 "생각이 에너지다. 세상을 바꾸는 것은 생각이다."라는 광고 문구도 나름 일리가 있다는 생각이 든다. 에너지를 만드는 대표적인 과정이 바로 호흡이다. 여기서 '호흡'이란 숨쉬기(폐에서 이산화탄소를 내보내고 산소를 들이마시는 과정) 그 자체 이상을 의미한다. 이번 장에서는 단순히 숨을 쉬는 것보다는 조금 더 복잡한 과정을 탐구해본다.

1 | 고기압에서 저기압으로

크게 한번 심호흡을 해보자. 가슴이 앞으로 팽창되고 윗배가 앞으로 나오는 느낌이 들 것이다. 자칫 공기가 들어오니까 흉강이 늘어났다고 생각할 수도 있으나, 사실은 정반대이다. 즉, 늑간근(갈비뼈 근육)이 수축하여 갈비뼈가 위로 당겨지고 가슴뼈는 앞으로 나가게 된다. 동시에 횡격막은 아래로 내려가면서 흉강의 부피가 늘어나 폐의 기압이 대기압보다 낮아지게 되는데, 기압이 높은 곳에서 낮은 곳으로 흐르는 기체의 성질 때문에 공기가 폐로 들어오는 것이다. 숨을 내쉴 때에는 이와 반대의 현상이 일어난다.

폐에 들어온 공기는 폐모세 혈관과 기체 교환을 하는데 이를 외호흡이라고 하고, 폐에서 기체 교환을 마친 혈액이 온몸에 퍼져 있는 모세 혈관에 이르러 조직 세포와 하는 기체 교환을 내호흡이라고 한다. 아래 그림과 같이 기체 교환은 산소(O_2)와 이산화탄소(CO_2)의

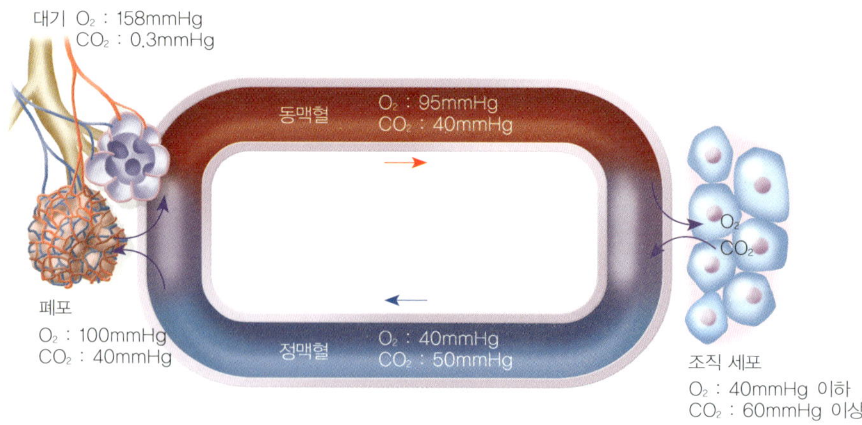

분압 차이에 의해서 이루어진다. 기압이 높은 곳에서 낮은 곳으로 흐르는 기체의 성질을 기억하자.

조금 전에 심호흡을 해보자고 제안하기 전까지는 아마도 숨쉬기를 자각하지 않고 있었을 것이다. 늑간근의 수축은 의식적으로 조절할 수 있기 때문에 우리가 어느 정도 숨을 참을 수도 있고 일부러 빠르게 숨을 쉴 수는 있지만, 대부분의 숨쉬기 운동은 우리의 의지에 의해서가 아니라, 혈액 속에 녹아 있는 이산화탄소 농도 변화에 따라 호흡량을 조절하는 호흡 조절 중추(뇌의 연수에 위치)에 의해서 이루어진다. 심장 박동에 이어 생존에 필수적인 숨쉬기도 기본적으로는 자율적이라니, 문득 '나는 누구인가?'라는 철학적 질문을 떠올리게 된다.

2 | 혈액 속 이산화탄소 농도의 의미

이산화탄소가 물에 녹으면 탄산(H_2CO_3)을 형성하는데, 탄산은 다시 중탄산 이온(HCO_3^-)과 수소 이온(H^+)으로 해리된다.

$$CO_2 + H_2O \rightleftarrows H_2CO_3 \rightleftarrows HCO_3^- + H^+$$

〔각 화합물의 농도에 따라 반응 방향이 결정되어 평형 상태를 이루는 가역(可逆) 반응임에 주목〕

위 화학식은 우리에게 중요한 사실을 알려준다. 즉, 호흡의 결과로 혈액 내 이산화탄소가 증가하면 궁극적으로는 혈액 내 수소 이온 농도가 높아진다는 사실. 수소 이온 증가는 산성화(pH 감소)를 의미하기 때문에 호흡 조절 중추는 혈액의 pH 변화를 감지하여 pH가 떨어지면 호흡량(속도와 깊이)을 늘려 이산화탄소 배출을 증가시킴으로써, 혈액 pH가 정상으로 돌아오게 한다. 그런데 순환계(특히 심장)의 협조 없이는 이러한 호흡 조절이 원활하게 이루어질 수 없음을 간과해서는 안 된다. 힘껏 달리면 가빠지는 숨소리만큼 심장 박동도 빨라짐을 쉽게 알 수 있다. 이것이 호흡 속도와 혈류 속도가 함께 조절됨을 보여주는 좋은 증거이다.

심장 박동 조절 중추도 연수에 있는데, 여기서 나온 교감 신경과 부교감 신경이 동방 결절에 연결된다. 이 두 신경은 대뇌 의식 중추의 지배를 받지 않기 때문에 우리가 심장 박동을 의식적으로 조절할 수는 없다. 그러나 공포 또는 흥분 등으로 교감 신경이 자극을 받으면 심장 박동이 빨라지고 반대로 부교감 신경이 자극을 받으면 박동이 느려진다. 또한 혈액 내의 이산화탄소와 수소 이온 농도의 증가도 심장 박동을 빠르게 한다. 결론적으로 혈액에 존재하는 이산화탄소의 양에 따라 변하는 pH 변화가 호흡과 심장 박동을 조절하는 주요 기준인 셈이다.

3 | 기체 운반

산소는 물에 잘 녹지 않기 때문에 적혈구에는 산소를 운반하는 헤모글로빈이라는 단백질이 있다. 헤모글로빈은 4개의 단위체로 이루어져 있으며, 각 단위체는 철이온이 중심에 붙어 있는 헴 그룹을 가지고 있다. 헴에 있는 철이온은 산소 한 분자(O_2)와 결합하기 때문에 헤모글로빈 한 분자는 4분자의 산소와 결합하여 산소헤모글로빈 $[Hb(O_2)_4]$이 된다.

헤모글로빈과 산소의 결합은 가역적이어서 폐에서 결합된 산소가 조직에서는 떨어지게 된다. 흥미로운 사실은 헤모글로빈 단위체에 산소 분자가 결합할수록 전체 헤모글로빈의 산소 친화력이 커진다는 것이다. 거꾸로 4분자의 산소가 결합한 헤모글로빈에서 산소 분자가 떨어져 나가기 시작하면 헤모글로빈의 산소 친화력은 급격하

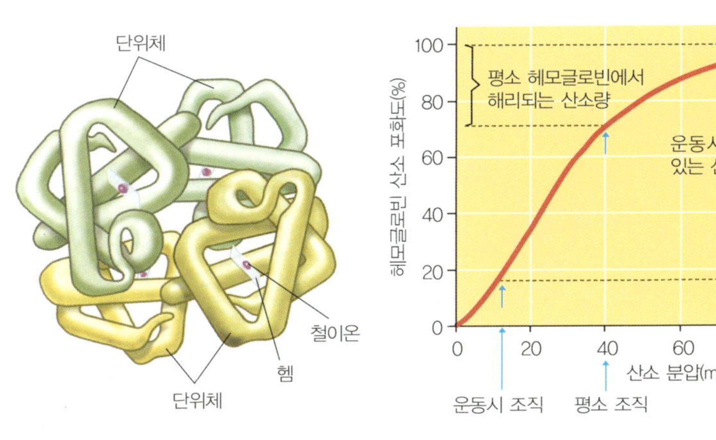

게 감소한다. 이러한 이유로 폐포에서 산소와 결합하여 산소 농도가 폐포에 비해 상대적으로 현저하게 낮은 조직 세포에 도달한 헤모글로빈은 빠른 속도로 산소를 방출하게 된다. 또한 낮은 pH도 헤모글로빈의 산소 친화력을 감소시키기 때문에 상대적으로 이산화탄소가 많은(즉, pH가 낮은) 조직 세포에서는 헤모글로빈이 더 많은 산소를 공급할 수 있다.

산소에 비해서 이산화탄소는 상대적으로 물에 잘 녹는다. 그런데 바로 이런 성질 때문에 문제가 생길 수 있다. 의아해하는 독자라면 '혈액 속 이산화탄소 농도의 의미'를 되새겨 보기 바란다. 혈액의 pH 변화가 초래된다는 것이 바로 문제의 핵심이다.

호흡 결과로 생성된 이산화탄소가 모두 혈액에 용해된 상태로 운반된다면 혈액의 pH가 급격하게 떨어져 치명적일 수 있다. 다행히도 조직 세포에서 생성된 이산화탄소 중 7% 정도만이 혈장에 녹은 상태로 운반되고, 나머지는 적혈구로 확산된다. 적혈구 안에 들어온 이산화탄소 중 일부(전체의 약 23%)는 직접 헤모글로빈에 결합하고, 나머지(전체의 약 70%)는 물과 결합하여 탄산 이온으로 되었다가 이어 중탄산 이온과 수소 이온으로 해리된다(적혈구 안에는 탄산 무수화 효소가 있어서 이 반응이 혈장에서 보다 훨씬 빠르게 진행됨).

대부분의 수소 이온은 헤모글로빈을 비롯한 단백질에 결합하여 혈액 pH 변화를 최소화하고, 중탄산 이온은 혈장으로 확산되어 운반된다. 결국 세포 호흡에서 생성된 이산화탄소의 대부분(약 77%)

은 중탄산 이온 형태로, 나머지는 헤모글로빈에 결합하여 카바미노 헤모글로빈($HbCO_2$) 상태로 폐까지 운반된다. 혈액보다 이산화탄소량이 적은 폐에 도달하면 혈액에서 이산화탄소가 빠져나감으로써, 중탄산 이온이 이산화탄소로 전환되는 방향으로 반응을 유도하여 (가역 반응을 떠올리기 바람) 더 많은 이산화탄소가 배출된다.

4 | 느림의 미학

산소가 없으면 우리는 살 수가 없다. 곧바로 질식사하고 만다. 그렇기 때문에 열심히 산소를 조직 세포로 운반하는 것이다. 그런데 도대체 세포에 도달한 산소의 궁극적인 역할은 무엇일까? 이에 대한 답은 '음식물로부터 얻은 영양소를 산화하여 에너지를 얻도록 함' 인데, 세포에서 이루어지는 이러한 영양소의 산화 작용을 세포 호흡이라고 한다.

일반 사전의 정의에 따르면, 연소(燃燒)란 물질이 공기 또는 산소 중에서 빛과 열을 내면서 타는 현상이다. 여기에 약간의 전문성을 더하면 연소는 '열과 불을 수반하는 산화 반응' 이라고 재정의할 수 있다. 가정에서 사용하는 도시 가스의 연소에서 보듯이 연소는 화학 에너지를 열 에너지로 변화시키는 수단으로 이용된다. 연소 과정에서는 빠르게 한꺼번에 에너지가 방출되지만 세포 호흡에서는 천천히 단계적으로 에너지가 방출된다는 속도의 차이가 있을 뿐, 세포 호흡과 연소는 기본적으로 같은 반응이다. 알코올 램프 뚜껑을 닫으면 불이 꺼지듯, 산소가 없으면 불이 꺼진다는 일상의 경험을 떠올려보자.

지금까지 공부한 내용을 토대로 매일 먹는 밥이 몸 안에서 어떻게 변해 가는지를 정리해보자. 녹말(다당류)이 주성분인 밥은 입, 위, 소장을 통과하면서 물리적·화학적 소화를 통해 포도당과 같은 단당류 형태로 분해된 다음 혈액에 의해 각 세포로 전달된다. 세포에 도달한 포도당($C_6H_{12}O_6$)은 단계적으로 분해되면서 에너지를 방출하고 최종적으로 이산화탄소(CO_2)로 전환된다(광합성의 역반응임을 주목). 결국 광합성을 통해서 만들어진 당이 호흡에 의해서 분해되면서 에너지가 방출되는 것이니, 햇빛→당→세포 에너지→열(우리의 체온을 생각하기를) 순서로 에너지가 흐른다는 얘기이다.

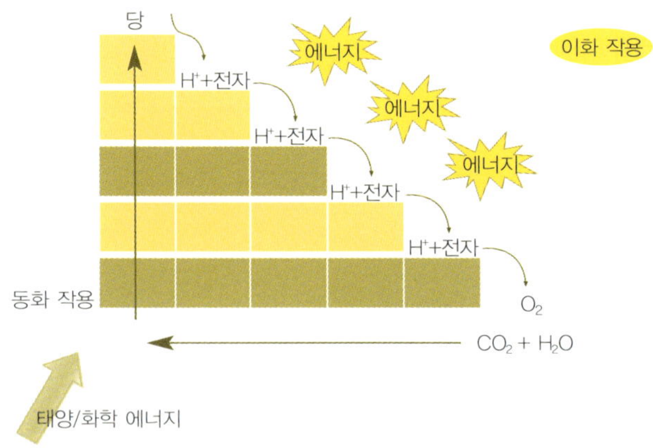

　생명체 내에서의 에너지 흐름은 수소 이온(H^+)과 전자(e^-)를 매개체로 이루어진다. 마치 야구 경기에서 타자가 방망이를 휘두른 힘이 야구공에 실려 이동하는 것처럼. 아래 그림에 나타난 대로 분해 단계마다 포도당에 저장되어 있던 에너지가 수소 이온과 전자에 담겨 방출되는데, 일부는 ATP(Adenosine triphosphate) 형태로 저장되어 세포가 사용하고 나머지는 열로 방출된다. 그리고 남겨진 수소 이온과 전자는 산소와 결합하여 물이 되니, 산소는 수고하고 지친 수소 이온과 전자를 품에 안아 쉬게 하여 대부분의 생물(모든 생물이 아님에 유의)의 삶을 유지시키고 있다.

　ATP는 마치 충전 배터리와 같은데, 그 구조와 이름을 자세히 들여다보면 ATP의 작동 방법을 이해하는 데 큰 도움이 된다. 5탄당

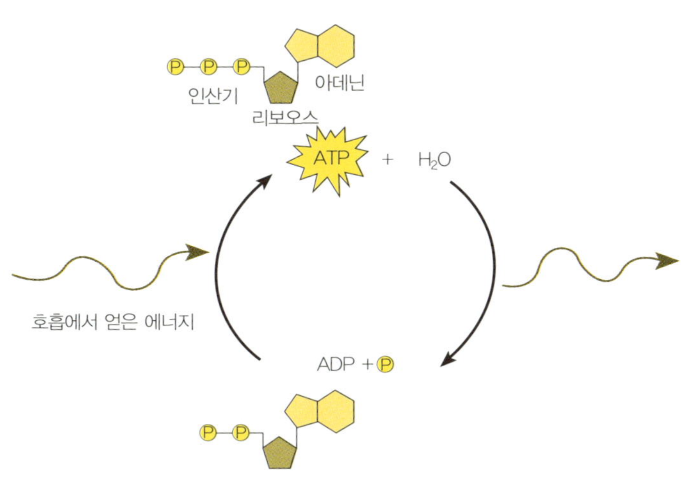

(탄소 원자 5개)의 일종인 리보오스(ribose)에 아데닌(adenine)이라는 염기가 결합하여 adenosine을 만들고, 다시 3개의 인산기(triphosphate)가 더해진 구조에서 adenosine triphsophate라는 이름이 붙여진 것이다(접두사 mono-, di-, tri-는 각각 하나, 둘, 셋을 의미함). ATP의 제일 바깥쪽 인산기 결합이 끊어지면(가수 분해) 에너지(7.3kcal/mole)를 방출하면서 ADP(adenosine diphsophate)로 된다. ADP는 호흡에서 나오는 에너지를 이용하여 다시 인산기를 붙여(충전) ATP가 된다. ATP에 충전된 에너지는 세포 내에서 화학 에너지, 운동 에너지, 열 에너지, 전기 에너지 등으로 전환되어 물질의 합성, 근육 운동, 체온 유지, 정보 전달 등의 생명 활동에 이용된다.

5 │ 산소가 없어진다면

만약 산소가 사라진다면, 사람을 비롯한 모든 동식물은 모두 곧 죽는다. 매우 유감스럽지만 엄연한 사실이다. 그런데 이렇게 극단적으로 암울한 상황에서도 아무런 문제 없이 살아가는 생명체가 있다면 믿을 수 있겠는가? 그런 생명체가 있다. "산소 없으면 무산소 호흡 하면 되고 ~ ♪ ~ 능력대로 살면 되지 ~ ♬"라고 콧노래를 부를 수 있는 미생물이다.

　도대체 산소 없이 살아가는 이들은 어떻게 호흡을 한단 말인가? 이에 대한 답을 얻기 위해서는 약간의 복습이 필요하다. 조금 전에 물질 대사를 세포 안에서 일어나는 물질과 에너지의 흐름이라고 설명하였다. 이 경우 에너지의 흐름은 곧 전자의 흐름이다. 전자는 절대 홀로 존재할 수 없기 때문에 전자를 주는 물질이 있으면 반드시 받는 물질이 있어야 한다. 이를 화학적으로 표현하면 전자를 주는 물질은 산화(oxidation)되는 것이고 반대로 전자를 받는 물질은 환원(reduction)되는 것이다.

어떤 물질이 전자를 줄 것인지 아니면 받을 것인지는 상대적으로 결정된다. 다시 말해서 모든 물질은 만나는 상대에 따라서 전자를 주기도 하고 받기도 한다는 얘기다. 여기서 우리가 섭취한 음식물에서 나온 전자를 최종적으로 받아들이는 것이 산소이고 이 과정이 바로 세포 호흡이라는 사실을 떠올려보자. 마지막에 전자를 받는 역할에 다른 물질을 이용할 수만 있다면 호흡에 별 문제가 없을 것이다. 많은 미생물들이 우리가 가지지 못한 이 능력을 갖추고 있다. 산소 이외에 다른 물질을 이용한 호흡을 통해 삶을 영위할 수 있는 바로 그 능력. 이것을 산소를 이용하는 산소 호흡(유기 호흡)과 대비하여 무산소 호흡(무기 호흡)이라고 한다.

깊게 보기

▪ ▪ 너나 잘 하세요. ▪ ▪

세포 호흡에 참여한 산소는 대부분 물로 환원되지만, 일부는 초과산화 이온(O_2^-), 과산화수소(H_2O_2), 수산화 라디칼(-OH)과 같은 활성 산소가 된다. 활성 산소는 체내로 침입하는 유해 인자를 제거하는 데 도움을 주기도 하지만, 활성 산소가 세포 내에 과다하게 있게 되면 DNA와 단백질 등 중요한 세포 구성 물질도 손상을 입는다. 인체에는 초과산화 이온과 과산화수소를 제거할 수 있는 효소들이 존재한다. 그런데 만약 이런 효소가 없다면 그 생명체는 어떻게 될까? 불행하게도 우리에게는 산소가 '생명수'와 같지만, 이 효소를 갖지 않은 생명체에게는 산소가 '사약'과 같다. 산소를 만나면 죽어버리기 때문이다. 그래서 이들은 살아남으려고 산소를 피해 꼭꼭 숨어야만 한다.

생물 이름에 비호감을 더해주는 글자라면 단연 '균(菌)'일 텐데, 이에 못지않은 것이 '혐(嫌)'이라는 글자이다. 이 글자가 붙으면 '혐오스럽다'는 단어가 떠오른다. 그런데 이를 어찌하나. 살아보겠다고 산소를 피해 삶의 터전을 옮긴 저들에게 이 비호감 글자 두 개를 동시에 부여하여 혐기성(嫌氣性) 세균이라고 부르고 있으니! 단순한 어감의 문제를 떠나서 혐기성 세균이라는 용어 자체가 과학적인 오해를 불러오기 때문이다. 혐기성 세균은 공기(산소)가 없다는 뜻의 'anaerobic'을 일본식 한자로 번역하면서 생긴 오류다. '비산소 요구성 세균'이 훨씬 더 정확한 표현이라 할 수 있다.

더욱이 대부분의 비산소 요구성 세균은 활성 산소 제거 효소를 가지고 있으면서 추가로 무산소 호흡을 할 수 있는 능력이 있다. 즉, 산소가 있으면 우리처럼 산소 호흡을 수행한다는 얘기이다. 따라서 혹시라도 이들의 삶에 대해 측은지심을 품는다면, 이들은 이렇게 말할 것이다. "너나 잘하세요." 우리들의 편협한 사고의 틀 안에서 보면 산소가 없는 환경이 나쁠 것 같지만, 이들의 입장에서 다른 생물이 거의 접근할 수 없는 서식지를 한번 상상해보자. 자기들만의 세상이 아닌가.

6 | 연기와 함께 사라지다

흡연이 건강에 백해무익하다는 것은 잘 알려진 사실이다. 어쩌면 너무나 많이 들어서 흡연 피해의 심각성에 오히려 둔감해진 사람들도 있는 것 같다. 그래서 여기서는 흡연이 일으키는 건강상 위험 중에서 지금까지 이 책에서 공부한 내용과 직접적으로 관련된 것만을 이야기하고자 한다.

담배 연기에 포함된 수천 종의 화학 물질 중에서 가장 많은 성분은 일산화탄소(CO)이다. 연탄가스 중독의 원인인 일산화탄소는 헤모글로빈에 대한 친화력이 산소보다 약 230배나 큰데다가, 일단 결합하면 잘 떨어지지 않기 때문에 산소 공급을 중단시켜 산소 부족으로 인한 심각한 장애(심할 경우 질식사)를 일으키게 된다. 흡연으로 일산화탄소가 헤모글로빈과 결합하면 우리 몸은 이를 보상하기 위하여 더 많은 적혈구를 만든다. 그 결과 혈액의 점성이 커져서 혈전이 잘 생길 뿐 아니라 혈관을 손상시키는 염증 물질이 많이 분비되어 동맥 경화 등의 원인이 된다.

미국국립노화연구소에서 2007년 미국 심장학회 학술지에 발표한 논문에 의하면 2,800명을 대상으로 45년간 연구한 결과, 백혈구 수치가 정상 범위(4000개~1만 개/μ)보다 상대적으로 높은 6,000개~1만 개인 사람은 3,500개~6,000개인 사람보다 사망 위험이 30~40% 높다고 한다. 즉, 백혈구 수 3,500개를 기준으로 1,000개씩 늘 때마다 사망 위험은 10%씩 올라가는 셈이다. 전문가들에 따르면 일반인들의 백혈구 정상 수치는 4,000~1만 개이지만, 흡연자들은 1만 2,500개를 상한선으로 잡는다고 한다. 흡연자의 혈액에는 그만큼 백혈구가 많다는 뜻인데, 한 달 정도만 금연해도 백혈구 수치가 정상으로 떨어질 수 있다고 한다. 여기에다 간접 흡연으로 피해와 직접적인 경제적 손실[2009년 기준, 하루 한 갑의 담배를 피우면 1년에 91만 2,500원(2,500원×365일)이 연기로 사라짐]까지 고려한다면 무엇이 현명한 선택일까?

재활용과 분리 배출
: 배설

해우소(解憂所)
– 근심을 푸는 곳이라는 뜻으로,
절에서 화장실을 달리 이르는 말.

'잘 먹고 잘 사는 법'이라는 제목의 TV 프로그램을 본 적이 있는가? 그런데 잘 먹는다고 해서 반드시 잘 살 수 있는 것은 아니다. 잘 싸는 것 또한 중요하기 때문이다. 그렇다면 '잘 먹고 잘 싸는 법'이라고 해야 말이 되지 않을까? 배설의 중요성이 앞에서 설명한 영양소의 흡수, 소화 및 에너지 생산만큼 크다는 것을 강조하기 위해서 괜한 어깃장을 부려보았다.

1 │ 배설물을 보면 삶의 방식이 보인다

지금까지 섭취된 음식물이 거치는 세 과정(소화 → 흡수 → 배설) 중 두 가지를 살펴보았으니, 마지막으로 배설에 대해서 알아보자. 배설은 체내에서 물질 대사 결과로 생긴 노폐물이나 유해한 물질을 체외로 내보내는 작용이다. 사람을 대상으로 얘기하면 섭취한 음식물로부터 몸에 필요한 물질과 에너지를 얻은 후 생긴 노폐물을 콩팥이나 땀샘을 통해 밖으로 내보내는 일이다.

이미 설명했듯이 우리가 살기 위해서는 주영양소(탄수화물, 단백질, 지질)를 끊임없이 섭취·분해하여 에너지를 만들어내야 한다. 그런데 탄수화물과 지방은 호흡을 통해서 물과 이산화탄소로 분해되는 반면, 단백질이 분해되면 추가적으로 질소 노폐물(단백질 구조 참조)이 생기게 된다. 결국 우리 몸에서 내보내는 주요 배설 물질은 이산화탄소, 물, 그리고 질소 노폐물인 셈이다. 이산화탄소는 호흡 과정에서 방출되기 때문에 별도의 처리 과정이 필요하지 않지만, 물과 질소 노폐물에 대해서는 신경을 써야 한다.

동물이 배출하는 질소 노폐물에는 크게 암모니아, 요소, 요산 세 가지가 있는데, 어떤 형태로 배출될지는 해당 서식지에서 쓸 수 있는 물의 양과 밀접한 관계가 있다. 생명체 안에서 질소 화합물을 분해할 때 일차적으로 생기는 것은 암모니아이다. 물에 잘 녹고 독성이 강한 암모니아(흔히 말하는 '똥독'의 주원인) 형태로 질소 노폐물을 배설하기 위해서는 많은 양의 물이 필요한데, 물속에서 살고 있는 어류는 암모니아를 직접 배출해도 별 문제가 없다.

그러나 물이 상대적으로 부족한 육지에 사는 생물의 경우에는 암모니아 배출을 위해서 그렇게 많은 물을 소비할 수 없기 때문에 포유류와 대부분의 양서류는 요소를 만들어 배출한다. 요소는 암모니아에 비해 독성이 훨씬 약하다는 장점이 있으나, 이를 합성하기 위해서는 별도의 에너지가 필요하다는 단점도 있다.

물을 많이 먹지 않는 육상동물(조류, 파충류, 곤충 등)들은 요산을 만들어 배설한다. 요산은 독성도 약하고 물에 잘 녹지 않기 때문에 그대로 배출할 수 있어 물의 손실은 최소화할 수 있지만 요소를 만들 때보다도 더 많은 에너지가 소비된다. 특히 하늘을 나는 조류는 몸무게를 최소화하는 것이 유리하기 때문에 몸에서 생기는 노폐물을 체내에 저장하지 않고 즉시 배출하는 방향으로 진화한 것으로 보인다.

그 결과 조류는 오줌을 저장하는 방광이 없어져서 오줌과 똥이 함께 배설된다. 자동차 위에 떨어진 새똥의 허연 부분이 바로 요산인데, 부식성이 강해서 새똥을 닦아내지 않고 방치하면 자동차 외장에 손상이 생길 수 있다. 심지어 국보 2호인 원각사지 10층 석탑(서울 탑골공원 소재)이 유리 집에 갇힌 이유도 부드러운 대리석으로 만들어져 기본적으로 강도가 약한 데다 비바람과 비둘기 배설물 때문에

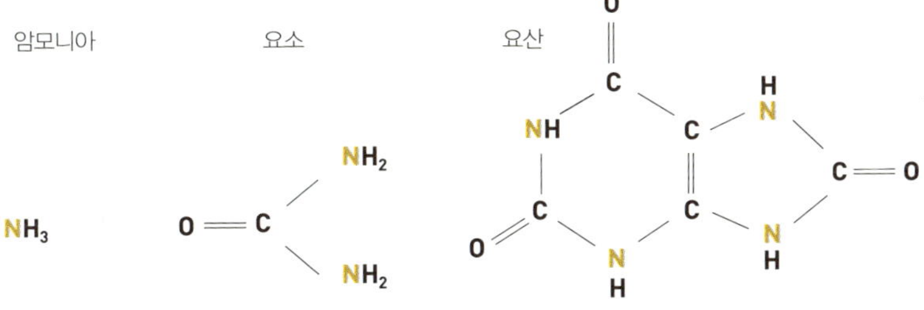

다른 탑에 비해 훼손이 심각했기 때문이다. 서울시는 문화재위원회의 승인을 받아 2000년 유리로 탑을 완전히 덮어씌웠다.

• • 요소 회로(오르니틴 회로) • •

단백질처럼 질소가 들어 있는 고분자 화합물을 분해하여 에너지를 얻거나 이를 탄수화물과 지방 등으로 전환시키는 과정에서 질소 원자는 주로 암모니아 형태로 제거된다. 암모니아는 수용액 상태에서 해리되어 암모늄 이온(NH_4^+)을 형성하는데($NH_3 + H_2O \rightarrow NH_4^+ + OH^-$), 암모늄 이온은 세포 호흡을 통한 ATP 생산을 방해하기 때문에 강한 독성을 나타낸다.

인체의 각 조직 세포에서 생성된 암모니아는 혈액에 녹아 간으로 보내져서 간에 있는 여러 효소들의 작용에 의해 요소로 전환되는데 이 과정을 '요소 회로'라고 한다. 본문에 있는 화학 구조를 보면 요소는 두 분자의 암모니아가 탄소 원자에 결합한 모양이다. 실제로 요소 회로를 통한 요소의 생성 과정은 ATP를 소비하면서 순차적으로 암모니아를 연결시키는 과정이다. 먼저 오르니틴에 한 분자의 암모니아와 이산화탄소를 결합시켜 시트룰린을 만들고 여기에 다시 암모니아를 붙여 아르기닌을 만든 다음, 아르기나제(arginase)라는 효소의 작용으로 요소가 떨어져 나오면서 다시 오르니틴이 생성되어 같은 과정을 반복한다. 이런 이유로 요소 회로를 오르니틴 회로라고도 부른다. 이렇게 간에서 만들어진 요소는 혈액을 통해 신장으로 보내져 결국 오줌으로 배출된다.

2 │ 우리 몸의 정수기 : 신장

'피가 맑아야 건강하다' 라는 말을 한 번쯤은 들어보았을 것이다. 혈액의 기능을 살펴보면 정말 그렇겠구나 하는 생각이 든다. 온몸을 돌며 필요한 영양소 등을 전달하고 각종 노폐물을 수거하는 임무를 수행하는 혈액이 소중하다는 사실은 누구나 알 것이다(자신에게 매우 소중한 것을 '피 같은 나의 OO' 라고 표현하곤 한다). 혈액은 일회용품이 아니라 계속 정화해서 사용해야만 하는데, 이러한 혈액의 여과 기능을 수행하는 기관이 바로 신장(콩팥)이다. 즉, 신장의 주 기능은 혈액을 여과하여 유용한 성분은 재흡수하고 필요 없는 찌꺼기는 모아서 오줌을 만드는 것이다. 신장의 기능을 이해하기 위해서는 먼저 그 구조부터 살펴볼 필요가 있다.

"신장의 단면을 보면 피질과 수질로 구분되고 수질 아래에는 빈 공간인 신우가 있다. 피질에는 사구체와 보면 주머니로 이루어진 말피기소체가 분포해 있고, 수질에는 주로 세뇨관과 집합관이 분포해 있다." 고등학교 생물 교과서에 있는 신장 관련 설명의 일부이다. 신장의 구조는 물론이고 기능까지도 연관해서 생각할 수 있도록 잘 정리가 되어 있어서 역시 교과서답다는 생각이 든다. 혹시 이 말에 고개를 갸우뚱하는 독자들을 위해 부연설명을 하겠다.

신장의 껍데기에 해당하는 皮(가죽 피)질 다음에 중심을 이루는 髓(골수 수)질이 있고 제일 아래쪽에 주발처럼 생긴 腎盂〔콩팥 신, 바리(주발) 우〕가 있으니, '콩팥의 주발'이라는 뜻을 가진 신우에 무엇이 담길지는 신장의 기능을 생각하면 쉽게 예상할 수 있다. 바로 오줌. 그렇다면 오줌이 만들어지는 과정은 피질에서 시작된다는 사실도 쉽게 이해가 된다. 뭔가 감이 잡히지 않는가? 이 느낌을 그대로 이어가 보자.

언뜻 보니 신동맥과 신정맥은 비무장지대를 연상시키는 모양새로 피질과 수질의 경계 부위를 지나고 있다. 자세히 보니 피질 쪽으로 향한 신동맥은 가는 모세 혈관으로 나뉘어 덩어리를 이루어 마치 실뭉치처럼 보이니, 사구체〔실 사(絲) + 공 구(球) + 몸 체(體)〕라는 이름은 참으로 잘 붙였다는 생각이 든다. 사구체 모세 혈관벽에는 작은 구멍(지름 50~100nm)들이 많이 있는데, 이를 통하여 혈구나 단백질 같이 큰 물질을 제외한 성분(물, 무기염류, 아미노산, 포도당, 요소 등)이 여과되어 사구체를 감싸고 있는 보먼 주머니로 들어와 원뇨가 된다〔사구체 + 보먼 주머니 = 말피기소체(또는 신소체, 腎小體)〕.

결국 원뇨의 성분은 단백질을 뺀 혈장과 거의 같은 것이라서 이용 가치가 있는 물질들이 많이 들어 있기 때문에 이를 그대로 배설한다면 엄청난 낭비가 될 것이다. 또한 이로 인해 배출되는 물의 양

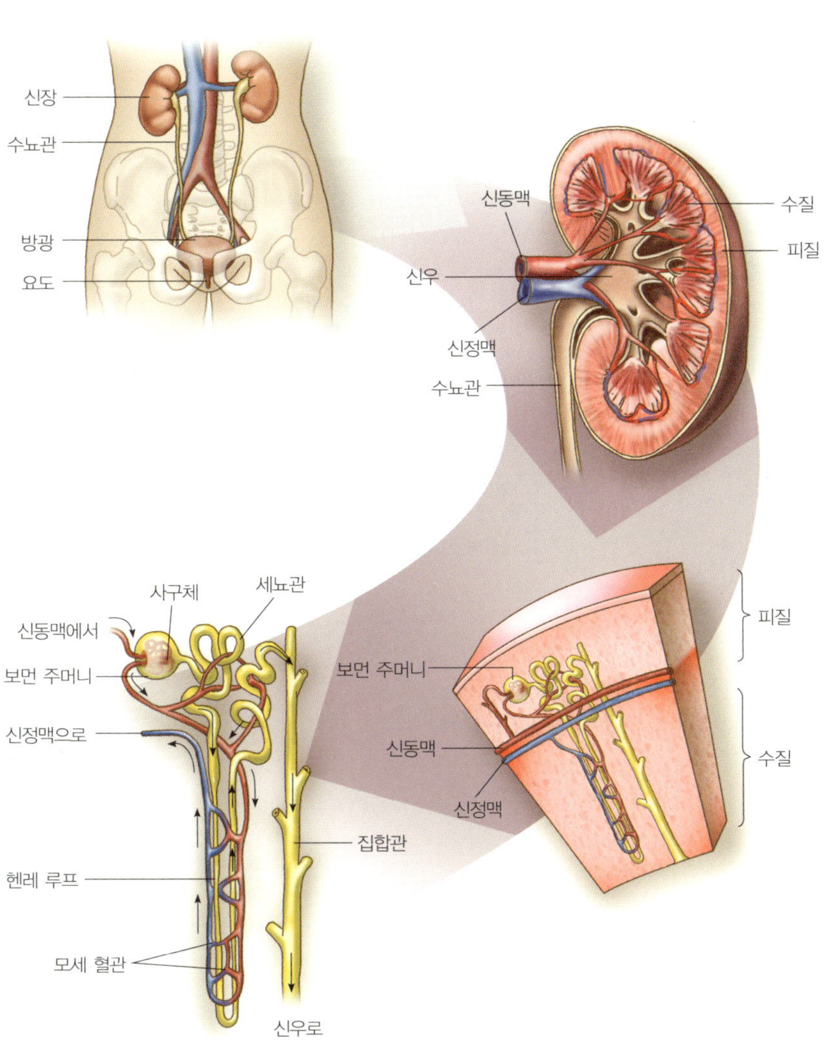

신장의 구조

신장
수뇨관
방광
요도
신동맥
신우
신정맥
수뇨관
수질
피질
사구체
세뇨관
신동맥에서
보먼 주머니
신정맥으로
헨레 루프
모세 혈관
신우로
집합관
보먼 주머니
신동맥
신정맥
피질
수질
생명
영양소
소화
순환
호흡
배설
자극과 반응
생식
유전
생태와 환경

까지 고려하면 그 만큼의 물을 계속 마셔야 하는데, 그렇게 되면 우리는 하루 종일 물을 마시고 화장실을 들락거리느라 아무 일도 못할 것이다.

다행히도 보면 주머니는 세뇨관으로 연결되어 집합관으로 이어지기 때문에 원뇨가 이곳을 지나가는 동안 어떤 물질은 재흡수되고, 또 어떤 물질은 혈액에서 세뇨관으로 분비되어 마지막에 오줌이 되어 배설된다. 세뇨관과 집합관 사이에서 물질의 재흡수와 분비가 이루어질 수 있는 것은 세뇨관과 집합관 주위를 사구체에서 나온 동맥이 다시 모세 혈관이 되어 둘러싸기 때문이다. 핵심 용어로 정리하면 오줌 생성은 사구체, 보면 주머니, 세뇨관에 걸쳐 일어난다. 이들 셋을 합쳐 네프론이라고 부르는데, 이것이 바로 신장의 구조적·기능적 단위이다.

3 | 지혜로운 재활용 : 오줌의 생성

평범한 사실

:: 물을 많이 먹으면 오줌이 자주 마렵다.

:: 땀을 많이 흘리면 갈증이 난다.

생물학적 사실

:: 정상 생활을 할 때 하루에 섭취하고 배설하는 물의 양은 비슷하다(성인

기준 약 1.5*l* 정도).

:: 신장 하나에서 걸러지는 액체의 양이 성인 기준으로 하루에 약 160*l* (1*l*짜리
페트병 160개분!)이다.

- **추론 1** | 오줌과 땀은 모두 물의 배설 방법이다.
- **추론 2** | 우리 몸의 약 3분의 2를 차지하는 물은 대부분은 계속 재흡수
되어 재활용된다.

음식물에 든 수분과 별도로 마시는 물 그리고 호흡 등의 대사 과
정에서 만들어진 수분 등이 우리 몸의 물 공급원이다. 반대로 몸 밖
으로 배설되는 물은 대부분 소변을 통해서 이루어지지만, 땀과 호
흡, 그리고 대변을 통해서도 수분이 배출된다. 주위를 보면 물을 엄
청 많이 마시는 사람도 있고 반대로 물을 별로 마시지 않는 사람도
있다. 그렇다면 사람에 따라 체내 수분 양도 차이가 날까? 아니다.
사람은 하루 최저 약 0.5*l*에서 최대 약 20*l*의 오줌을 배설함으로써
체내 수분의 항상성(恒常性, 생명체가 내부 환경을 일정하게 유지하려
는 특성)을 유지할 수 있다. 전자의 경우에는 농축된 오줌이, 후자의
경우에는 희석된 오줌이 배설된다.

사구체 여과액의 수분 중 75%는 근위(近位, 사구체에서 가까이 있
다는 뜻) 세뇨관에서, 5%는 헨레 루프에서, 15%는 원위(遠位, 사구
체에서 멀리 있다는 뜻) 세뇨관에서, 그리고 약 4% 이상이 집합관에

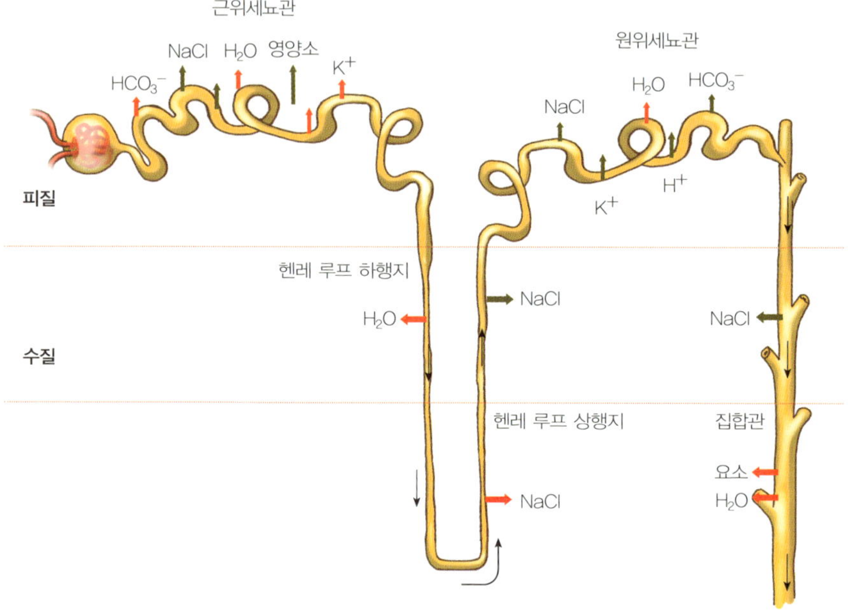

세뇨관에서의 물질의 재흡수와 분비

서 재흡수되어 이를 모두 합치면 결국 99% 이상이 재흡수되는 셈이다. 헨레 루프 상행지를 제외하고 세뇨관은 물을 잘 투과시킨다. 반면, 집합관의 물투과성은 뇌하수체 후엽에서 분비되는 항이뇨(抗利尿, 오줌 배출을 억제한다는 뜻) 호르몬의 영향을 받는다.

항이뇨 호르몬이 분비되면 집합관벽을 통한 물의 재흡수가 촉진되어 오줌의 양이 줄게 되고, 반대로 물을 많이 마시면 이 호르몬의 분비가 억제되어 집합관에서의 물 재흡수가 감소하여 소변 양이 늘어나게 된다. 아울러 항이뇨 호르몬은 카페인 또는 알코올 등에 의해서도 억제되기 때문에 커피나 술을 마시면 같은 양의 맹물을 마셨을 때보다 화장실에 더 자주 가고 싶어진다.

4 | 조직의 조화

'오장육부(五臟六腑)가 튼튼해야 건강하다' 라는 말이 있다. 여기서 오장이라고 하는 것은 ①간장(肝臟), ②심장(心臟), ③비장(脾臟, 지라), ④폐장(肺臟), ⑤신장(腎臟)의 다섯 장기(臟器)를 가리키며, 육부는 ①담(膽, 쓸개), ②위(胃), ③대장(大腸), ④소장(小腸), ⑤방광(膀胱), ⑥삼초(三焦)를 지칭한다.

그런데 삼초는 이를 다시 셋으로 나누어 상초(上焦), 중초(中焦), 하초(下焦)로 부르는데 이것은 어떤 기관을 가리키는 명칭이 아니다. 상초는 위(胃)의 윗부분, 중초는 위의 속, 하초는 방광의 윗부분에 해당하는 부위를 지칭한다. 결국 오장육부는 지금까지 공부한 소화, 순환, 호흡, 배설 등을 담당하는 기관들이니 이들이 튼튼하지 않고서는 건강을 기대할 수 없다.

우리가 몹시 무섭거나 놀랐을 때 '간담(肝膽)이 서늘하다' 고 하는데 이것은 간(肝)과 담(膽)이 직결되어 있음을 암시(暗示)하는 것으로 볼 수 있고, '비위(脾胃)가 상한다거나, 비위가 좋다' 는 말은 비(脾)와 위(胃)가 매우 밀접한 관계에 있음을 나타낸 것으로 본다. 우리는 흔히 얼굴의 색[안색(顔色) 또는 혈색(血色)]을 보고 그 사람의 건강 상태를 미루어 짐작하는 경우가 있는데, 이것은 오랜 경험에서 비롯된 것으로 사람의 심신 상태(心身狀態)가 얼굴과 피부에 반응하여 나타나기 때문일 것이다.

우리의 몸은 상피 조직, 결합 조직, 근육 조직, 신경 조직의 넷으로 크게 구분하는데 이는 편의상의 구분일 뿐, 어떤 조직도 단독으로 작용하는 것이 아니라 모든 조직이 정해진 규칙에 따라 서로 치밀하게 연관되어 이루어진다는 것이 인체의 신비로움이다. 만약 이들 조직 중에서 어느 하나라도 규칙을 벗어나서 작용하면 그것은 곧바로 몸에 이상을 일으켜 건강을 해치게 된다.

7

몸의 첨단 인지 시스템
: 자극과 반응

"감각 기관은 단독으로 작동되지 않고 뇌의 특정 부위에서 통합된다.
거기서 인체의 그림이 하나로 그려진다.
피부의 감각점은 뇌에 압력, 통증, 온도에 대해 전한다.
관절의 감각 기관은 뇌에 공간에서의 몸의 자세에 대해 말해준다.
귀의 감각 기관은 균형을 추적하고, 내장 기관들의 감각 기관은 감정 상태를 알아낸다.
드라이버가 스스로 정보의 한 채널을 제한하는 건 바보짓이다.
정보가 자유롭게 흐를 수 있게 하는 게 무엇보다 중요하니까."

– 가스 스타인의 소설 『빗속을 질주하는 법』 중에서

우리가 생존하기 위해서 하는 필수적인 행위로 '먹는 행위'를 꼽을 수 있다. 이와 함께 한 가지 더 든다면 무엇을 들 수 있을까? 자연 환경에는 우리의 생명을 위협하는 위험 요소들이 산재해 있는데, 바로 이들을 감지하여 제대로 반응하는 것이다. 설사 먹고 죽은 귀신이 때깔도 좋다 하더라도 생물학적으로는 아무 소용이 없다. 즉, 생명체가 치열한 생존 경쟁을 뚫고 살아가기 위해서는, 앞서 설명한 물질 대사(생존하는 데 필요한 물질과 에너지를 공급하기 위해 생명체에서 일어나는 화학 반응의 총합) 능력뿐만 아니라, 주변 환경의 변화를 감지하여 적절하게 대응할 수 있는 인지(認知) 능력이 필수적이다.

1 | 감각, 지각, 인지

국립국어원 홈페이지에서 제공되는 표준국어대사전은 '감각', '지각', '인지'의 의미를 다음과 설명하고 있다.

:: 감각(感覺) | 눈, 코, 귀, 혀, 살갗을 통하여 바깥의 어떤 자극을 알아차림.

:: 지각(知覺) | 감각 기관을 통하여 대상을 인식함. 또는 그런 작용.

:: 인지(認知) | 자극을 받아들이고, 저장하고, 인출하는 일련의 정신 과정. 지각, 기억, 상상, 개념, 판단, 추리를 포함하여 무엇을 안다는 것을 나타내는 포괄적인 용어로 쓴다.

위에 나열된 정의들을 비교해보면, 반응의 정도 차이가 있을 뿐 모두 '자극에 대한 반응'을 나타내는 단어들이다. 예를 들어 도로 주변 색깔이 푸르게 변함을 단순히 아는 것을 감각, 이것이 나뭇잎의 푸름이라고 구체적으로 아는 것을 지각, 그리고 동시에 가해지는 여러 자극을 종합하여 그것이 봄이 되어 가로수의 새순이 돋아나고 있음을 아는 것을 인지라고 할 수 있다.

생물학적으로 사람의 인지 작용은 감각 기관과 신경계에 의해서 통합적으로 이루어진다. 즉, 오감(시각, 청각, 후각, 미각, 촉각의 다섯 가지 감각)을 담당하는 **감각 기관**(눈, 귀, 코, 혀, 피부)은 자극의 정보를 수집하고, **중추 신경계**(뇌와 척수)는 정보를 분석해 명령을 내린다. 그리고 **말초 신경계**는 자극을 중추 신경계로 전달하고 중추 신경계의 결정을 해당 기관에 전달하는 역할을 담당한다. 신경계는 뉴런(neuron)이라는 신경 세포로 구성된다. 자극 정보 처리는 세 단계(정보의 입력 → 정보의 통합 → 운동 명령)를 거쳐 수행된다. 요컨대 감각 신경 세포는 감각 기관에서 감지된 자극 및 체내 조건을 중추 신경계로 전달하고 운동 신경 세포는 정보 처리의 결과로 나오는 명령을 해당 부위에 전달한다.

2 | 정보의 수집 : 자극의 수용

자극은 일종의 에너지이다. 즉, 시각은 빛 에너지, 청각은 소리 에너지, 그리고 촉각은 기계 에너지로 간주할 수 있다. 따라서 감각이 이루어지려면 제일 먼저 다양한 형태의 에너지를 받아들일 수 있는 감각 수용기가 필요하다. 우리 몸의 오감을 담당하는 감각 기관에는 특정 자극에만 반응하는 감각 수용기들이 존재한다.

:: 기계적 수용기 | 소리와 압력 등의 자극에 의한 물리적 변형 감지

:: 화학 수용기 | 몸 안에 녹아 있는 모든 용질의 전반적인 농도를 감지하는 수용기(혈중 용질 농도를 감지하여 갈증 유발 등) 특정 화합물에만 반응하는 수용기가 있음.

:: 광 수용기 | 빛에 의한 자극(명암, 색깔 등)을 감지

:: 온도 수용기 | 따뜻해짐과 차가워짐의 변화를 감지

:: 통각 수용기 | 유해한 자극에 반응하여 통증 유발

이상에서 보는 바와 같이 다양한 형태의 외부 자극에 반응하기 위해서 우리 몸도 여러 종류의 감각 수용기를 갖추고 있다. 그런데 여기서 한 가지 문제가 발생한다. 이 모든 자극을 원래 형태 그대로 전달할 수는 없다는 것이다. 해외에서 활동하는 정보원이 해당 국가에서 수집한 정보를 본국의 상부 기관에 보고할 때, 자국어로 번역하지 않고 외국어 그대로 보낼 수 없는 것과 같은 이치이다. 따라서 수용된 자극이 뇌로 전달되기 위해서는 신경 신호로 전환되어야 한다.

'생물체가 자극에 대한 반응을 일으키는 데 필요한 최소한도의 자극의 세기를 나타내는 수치'를 역치라고 한다. 글자 그대로 해석하면 '문지방 값〔문지방 역(閾) ; 값 치(値)〕이라는 뜻인데, 문지방을 넘어야만 방에 들어설 수 있음을 생각하면 이 용어를 쉽게 이해할 수 있다. 하나의 감각 세포, 단일 근섬유 또는 단일 신경 섬유 등은 역치 이하의 자극에서는 전혀 반응을 보이지 않지만, 역치 이상의 자극에서 최대의 반응을 나타내며, 그 이상은 자극을 가해도 변화가 없는데, 이를 '悉無律'(다 실; 없을 무; 법 율, 영어로는 'all or none principle')이라고 한다.

19세기 중반에 자극과 반응의 상호 관계를 연구하던 독일의 생리학자 베버는 약한 자극을 받고 있을 때에는 자극의 변화가 적어도 쉽게 감지할 수 있으나, 강한 자극을 받고 있을수록 변화를 감지하는 능력이 약해지는 것을 발견하고, 감각기에서 자극의 변화를 느끼려면 처음 자극에 대하여 일정 비율 이상의 자극 변화를 주어야 한다는 '베버의 법칙'을 정립하였다. 이 법칙의 적용 예는 일상에서 쉽게 볼 수 있는데, 낮에는 방에 불이 켜져 있음을 밤보다 잘 알지 못한다든지 또는 이어폰으로 음악을 크게 듣고 있으면 큰소리로 말하게 되는 경우 등이다.

같은 크기의 자극을 지속적으로 받으면 역치가 올라가서 더 큰 자극을 주기 전에는 자극을 느끼지 못하는데, 이를 순응이라고 한다. 처음에는 고약하던 냄새에 시간이 지나면 둔감해지거나 목욕탕 온탕에 들어갈 때는 뜨겁게 느껴지지만 조금 있으면 편안해지는 것 등이 순응의 예이다. 후각, 촉각, 온각 등에서는 감각의 순응이 잘 일어나는 반면, 통각과 압각의 경우에는 그렇지 않다. 사실 통증은 유해한 자극에 대해 나타나는 반응으로 우리 몸이 위험한 상황에 신속하게 대처할 수 있게 하는 데 매우 중요한 기능을 수행한다. 따라서 만약 통각이 순응된다면 생명을 유지하는 데 큰 위협이 될 것이다. 반대로 심각하지 않은 자극에 대해서는 계속 반응을 해서 에너지를 소비하는 것보다는 순응하는 것이 더 효율적일 것이다.

3 | 정보 처리 및 전달 : 뉴런의 구조와 기능

우리 몸의 모든 세포는 세포막을 사이에 두고 전위차를 형성하는데, 이를 막전위라고 부른다. 자극 또는 신호를 받으면 신경 세포의 막전위가 변하게 되고, 이 변화가 정보 전달 매체로 이용된다. 뉴런의 세포막 안쪽에는 음이온을 띠는 화합물이 상대적으로 많기 때문에 신호 전달을 하지 않고 있는 뉴런의 안쪽은 음성(-)을, 바깥쪽은 양성(+)을 띤다. 이러한 상태를 분극이라고 하고 또 이때의 막전위를 휴지 전위라고 하는데, 여기에는 나트륨 이온(Na^+)과 칼륨 이온(K^+)이 중요한 역할을 한다.

뉴런이 자극을 받으면 세포막의 투과성이 갑자기 변하여 바깥쪽에 있던 나트륨 이온이 빠른 속도로 세포 내부로 들어오게 된다. 이로 인해서 순간적으로 세포막 안팎의 전위가 뒤바뀌는 탈분극이 일어나는데, 이때 전위의 변화를 활동 전위라고 한다. 뉴런 내부로 들어온 나트륨 이온은 옆으로 확산되면서 연속적으로 탈분극을 일으킴에 따라 활동 전위가 전도되어 정보가 전달된다.

결론적으로, 신경계를 이루는 뉴런의 독특한 구조가 '자극과 반응'이라는 정보 전달 기능을 수행하는 데 핵심이라고 할 수 있다. 뉴런은 핵과 세포질로 이루어진 신경 세포체와 여기서 나온 축삭 돌기와 수상 돌기로 구성되어 있다. 글자 그대로 나무 모양의 수상(樹狀, 나무 수; 형상 상) 돌기는 인접한 뉴런으로부터 정보를 받아들이고, 밧줄을 연상시키는 축삭(軸索, 굴대 축; 동아줄 삭) 돌기(또는 축색 돌기)는 정보를 다른 뉴런에 전달한다.

한 뉴런의 축삭 돌기 끝부분은 다른 뉴런의 수상 돌기와 접속하여 시냅스(synapse)를 형성하는데, 활동 전위가 축삭 돌기 끝에 도달하면 화학 전달 물질인 신경 전달 물질(neurotransmitter)이 분비된다. 신경 전달 물질은 양쪽 뉴런 사이의 약 20nm 정도의 틈을 두고 형성

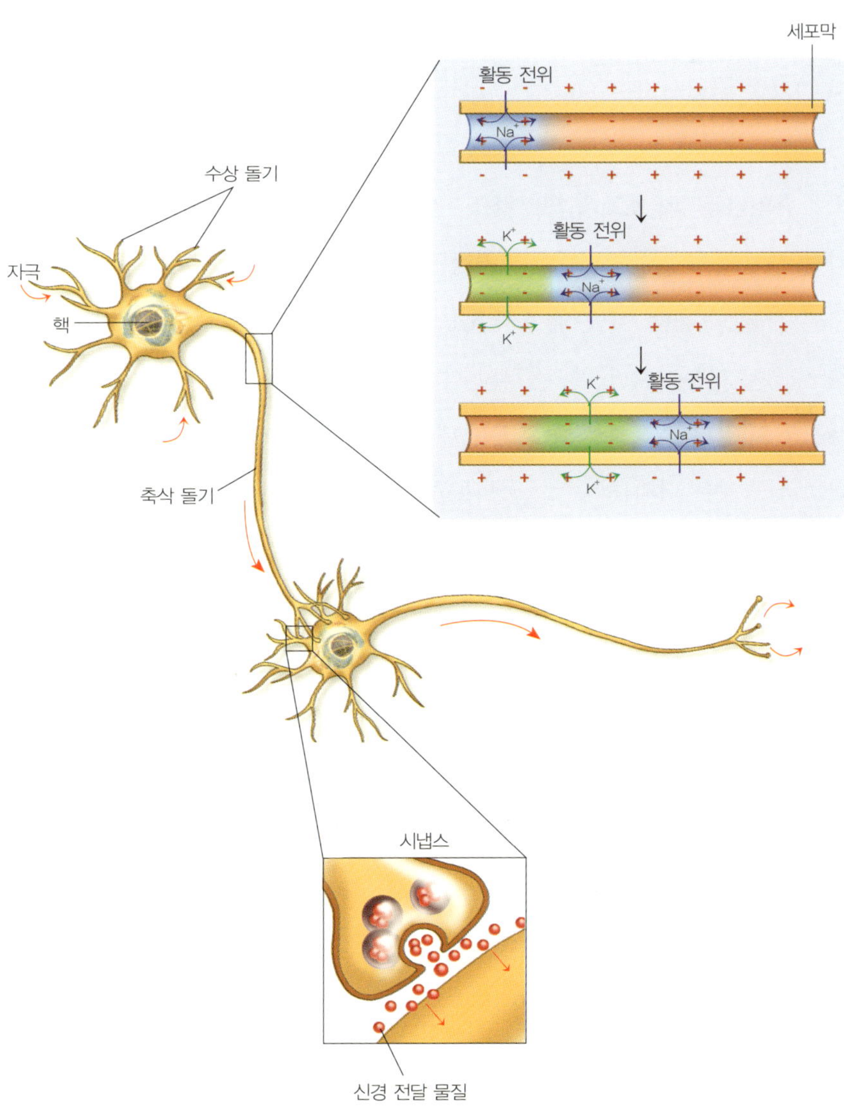

뉴런의 구조와 신경 신호 전달

된 시냅스로 확산되어 인접한 뉴런의 탈분극을 유발하여 연속적으로 정보를 전달한다.

4 │ 슈퍼컴퓨터와 초고속 네트워크 : 신경계의 구조와 기능

감각 기관으로부터 전달받은 다양한 정보를 종합 분석하여 명령과 조절 기능(즉, 인지 기능)을 수행하는 뇌는 약 10^{11}(1,000억) 개의 신경 세포로 이루어져 있다. 각각의 신경 세포는 수백 개의 다른 신경 세포와 연결되어 정보를 주고받는 네트워크인 신경계를 이룬다. 사람의 신경계는 뇌와 척수로 구성된 중추 신경계와 온몸에 퍼져 있는 말초 신경계로 이루어져 있다.

뇌는 대뇌, 소뇌, 중뇌, 간뇌, 그리고 연수로 되어 있는데, 중뇌, 간뇌, 연수를 합쳐서 뇌간〔또는 뇌줄기, 줄기 간(幹), 영어로는 brain stem〕이라고 한다. 연수에 이어져 척추 속으로 뻗어 있는 척수는 뇌와 말초 신경계를 연결시켜 몸에서 뇌로 그리고 뇌에서 몸으로 오가는 정보를 중계하는 역할을 한다. 이 덕분에 척추 동물이 척수가 없는 무척추 동물에 비해서 중추 신경계가 크게 발달할 수 있는 것이다. 척수의 중요한 또 한 가지 기능은 반사 작용의 통제이다. 척수가 중추가 되는 척수 반사로는 무릎 반사, 배뇨 반사, 땀 분비 등이 있다.

사람의 대뇌는 외형상 좌우 두 개의 반구(半球)로 나뉘어 있고 내부로는 주름진 대뇌 피질과 그 아래에 위치한 대뇌 수질로 나뉜다. 좌우 대뇌 피질은 각각 몸의 반대쪽을 담당한다. 즉, 왼쪽 피질은 몸

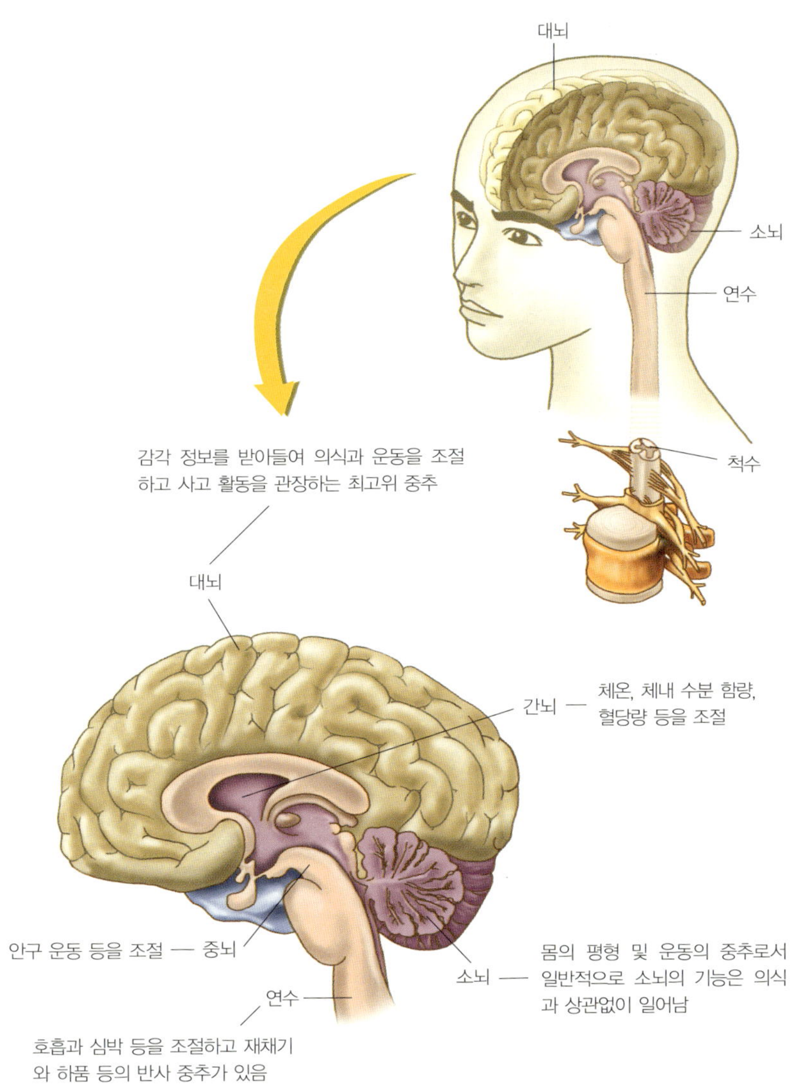

뇌의 구조와 각 부분의 역할

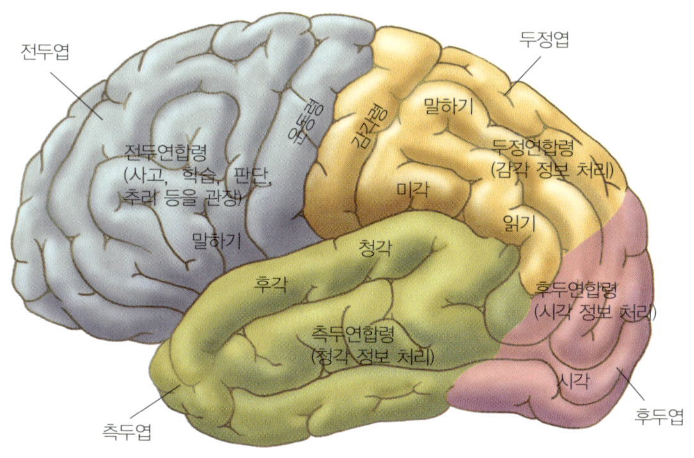

대뇌 피질

의 오른쪽에서 오는 정보를 받아들여 오른쪽 움직임을 조절하고, 오른쪽 피질은 그 반대로 작용한다. 또한 뇌량〔또는 뇌들보; 들보 량(梁)〕이라고 부르는 신경 다발이 좌우 피질을 연결하여 정보를 소통시킨다.

각 대뇌 피질의 앞쪽, 뒤쪽, 옆쪽, 위쪽을 각각 전두엽(前頭葉), 후두엽(後頭葉), 측두엽(側頭葉), 두정엽(頭頂葉)이라고 부르고, 기능상으로는 감각령, 운동령, 연합령으로 구분한다. 각 엽 내에는 특정 기능을 수행하는 여러 영역이 존재한다. 대뇌 피질로 들어오는 대부분의 감각 정보는 감각령에 접수된 다음, 인접한 연합령으로 보내져서 분석·처리되면 필요한 명령이 운동령으로 내려진다.

쉽게 말해서 대뇌 피질은 우리의 의식적인 활동을 주관하는 곳이다. 즉, 사물 인식, 의사 소통, 기억과 학습뿐만 아니라, 기쁨과 노여움과 슬픔과 즐거움, 즉 희로애락(喜怒哀樂)의 감정에도 관여한다. 또한 상상, 판단, 추리 등 인간만이 할 수 있는 창조적인 정신 활동을 담당하는 곳이다.

말초 신경계는 중추 신경계에서 뻗어 나와 갈라져서 온몸에 퍼져있는 감각 신경과 운동 신경들을 말하는데, 그 기능에 따라 체성 신경계와 자율 신경계로 나눈다. 자극 정보를 중추 신경계로 전달하고이에 대한 명령을 해당 반응기로 보내는 체성 신경계는 12쌍의 뇌신경과 31쌍의 척수 신경으로 되어 있다. 뇌신경 중에는 감각 신경(후신경, 시신경, 청신경), 운동 신경, 그리고 모두를 포함하는 혼합 신경이 있다. 자율 신경계는 대뇌의 직접적인 영향을 받지 않는 신경계로 운동 신경으로만 구성되어 있다.

자율 신경계는 서로 길항(拮抗: 일할 길; 겨룰 항, 즉, 서로 버티어 대항한다는 뜻)적으로 작용하는 교감 신경과 부교감 신경으로 되어 있다. 교감 신경계가 작동하면 투쟁-도주(fight-or-flight) 반응이 유발되고, 반대로 부교감 신경계가 활성화되면 몸 상태가 안정화된 방향으로 신체 반응이 진행된다. 따라서 교감 신경은 우리의 몸을 위기 상황에 대처하게 하고, 부교감 신경은 위기 대처 이후 몸을 원상태로 돌려 안정화한다.

"성공적인 삶을 위해 반듯한 이목구비(耳目口鼻)와 좋은 피부를 갖춰라." '외모 지상주의' 발언이 아니다. 오히려 중요한 것은 생김새가 아니라 기능임을 강조하는 '기능 중심주의' 주장이다. 눈, 코, 입, 귀와 피부는 나를 알리기 위한 홍보 기관이 아니라 나의 삶을 위한 다양한 정보를 수집하여 상부 결정 기관(뇌)에 보고하는 정보 기관이다.

:: 시각기 │ 사람 눈의 주체인 안구(눈알)는 세 층(외막, 중막, 내막)으로 된 안구벽으로 둘러싸여 있다. 안구의 형태를 유지하는 외막은 수정체 앞에 있는 각막(까만 눈동자 표면)과 공막(흰자위 부분, 鞏 자는 굳을 공)으로 이루어진다.

중막은 맥락막, 모양체, 홍채 세 부분으로 구분되는데, 혈관을 통해 안구 조직에 양분과 산소를 공급한다. 맥락막은 안구의 수정체(카메라 렌즈에 해당) 뒷부분을 둘러싸서 어둠 상자를 만든다. 모양체(털과 같은 모양새라서 털 모〔毛〕자를 씀)에는 진대를 통해 수정체에 연결된 근육인 모양근이 있다. 카메라의 조리개에 해당하는 홍채는 빛이 많이 들어올수록(밝을수록) 이완하여 동공을 작아지게 하고 어두울수록 수축하여 동공을 커지게 한다.

내막은 빛을 흡수하는 색소 상피층과 상이 맺히는 망막(카메라의 필름에 해당)으로 되어 있다. 안구벽의 가장 안쪽 층인 망막은 안쪽에서부터 여러 개의 신경 세포층과 시세포층 차례로 겹쳐져 있다.

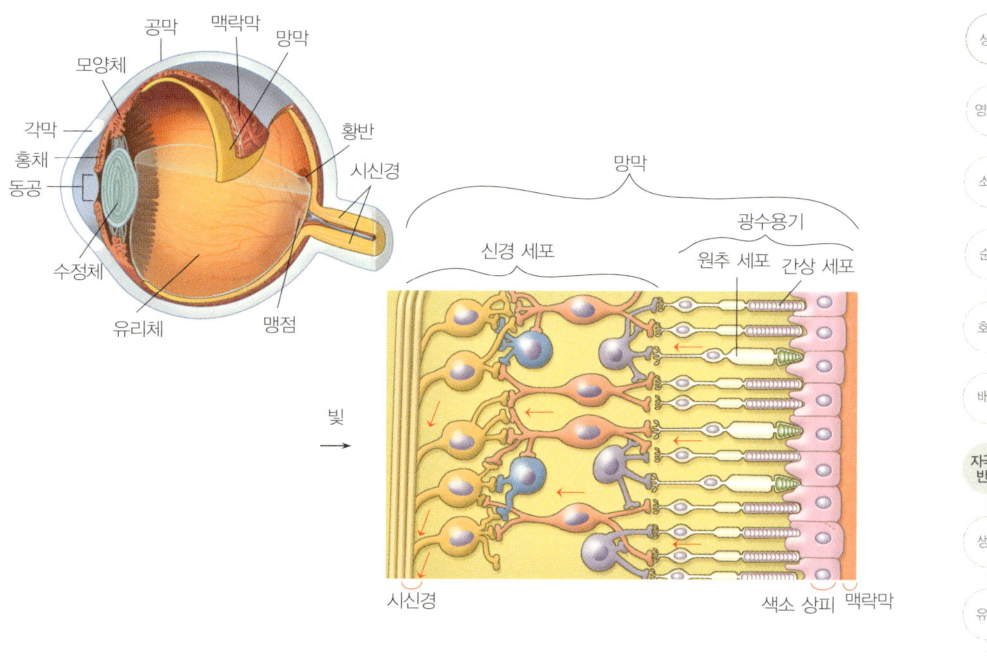

눈의 구조

시세포에는 원추 세포와 간상 세포가 있는데, 망막의 부위에 따라 두 시세포의 분포가 다르다. 사람의 망막 중앙부에는 붉은 갈색의 둥근 무늬의 황반이 있다. 원추 세포는 황반 안에 많고 간상 세포는 황반 주변에 많다.

시신경 섬유는 모여서 시신경으로 되어 시각 중추로 연결된다. 시신경 섬유가 모이는 지역에는 시세포가 없어 빛이 수용되지 않기 때문에 이 부위를 맹점이라고 한다. 수정체와 망막 사이에는 유리체라

고 하는 무색 투명한 젤 상태의 조직이 있어서 빛을 일정하게 굴절
시킨다.

각막, 동공, 수정체, 유리체 등의 광학계를 통과하면서 각 부위의
굴절률에 따라 굴절된 빛이 망막의 신경 세포층을 지나 시세포를 자
극하면 시세포가 흥분된다. 빛을 받아들이는 광수용기인 시세포는
빛 자극 수용의 결과로 생긴 흥분을 신경 세포층으로 보내어 시신경
을 통해 궁극적으로 대뇌 피질의 시각 중추로 전달한다.

오징어나 물고기들은 수정체를 앞뒤로 움직여 초점을 맞추는 반면,
사람을 비롯한 포유류는 수정체의 두께를 조절하여 초점을 맞춘다.
즉, 가까이 볼 때에는 모양근이 수축하여(진대는 이완하고) 수정체가
두꺼워지고(초점거리는 짧아지고), 멀리 볼 때에는 모양근이 이완하여
(진대는 수축하고) 수정체가 얇아지게(초점거리가 길어지게) 된다. 수

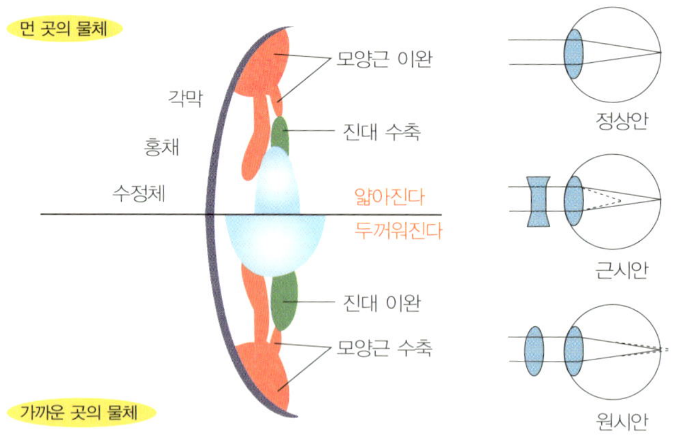

한눈에 쏙! 생물 지도

정체에 이상이 생겨 망막보다 앞 또는 뒤에 초점이 맺히는 경우를 각각 근시(오목 렌즈로 교정)와 원시(볼록 렌즈로 교정)라고 한다.

잠깐 근시 교정 안경을 쓰던 때의 웃지 못할 경험담을 소개하겠다. 어느 일요일 기상을 해서 깜빡 잊고 안경을 쓰지 않고 지내다가 오후가 되어서야 맨눈으로 반나절을 보냈음을 깨달았다. 순간 내가 눈이 좋아졌다는 생각에 절친한 안과 전문의에게 전화를 걸어 이 기쁜 소식을 전했더니 수화기를 통해 들려오는 답변, "나이가 드신 겁니다." 늙어서 근시 상태(가까운 것을 잘 보는 상태)에서 약간 원시 상태(먼 것이 잘 보이는 상태)로 변하여 안경이 그다지 필요없는 상황이 되었다는 것이다. 안경을 벗고 지낼 수 있을 정도로 건강해졌다고 생각했는데 나이가 들면서 자연스럽게 생겨나는 현상이었던 것이었다.

:: **청각기** | 대부분의 동물에서 청각과 평형 감각은 밀접하게 연관되어 있다. 사람을 비롯한 척추 동물의 청각기인 귀는 외이(外耳), 중이(中耳), 내이(內耳)로 나뉜다. 공기를 통해 전달되는 음파는 외이도를 거쳐 외이와 중이의 경계인 鼓(북 고)막을 진동시킨다. 고막의 진동은 세 개의 작은 뼈(망치뼈, 모루뼈, 등자뼈)로 구성된 청소골(聽小骨, 글자 그대로 해석하면 '듣는 작은 뼈'라는 뜻)에서 증폭되어 달팽이관으로 전달되어 달팽이관의 림프를 진동시키고, 이 진동은 전정계와 고실계를 차례로 거치면서 달팽이관의 기저막을 상하로 진동시킨다.

외이
중이
내이
망치뼈
모루뼈
반고리관
전정기관
청신경
외이도
귓바퀴
고막
등자뼈
달팽이관
유스타키오관
달팽이관
뼈
진정계
청신경
고실계
코르티기관
감각모
덮개막
기저막
청신경

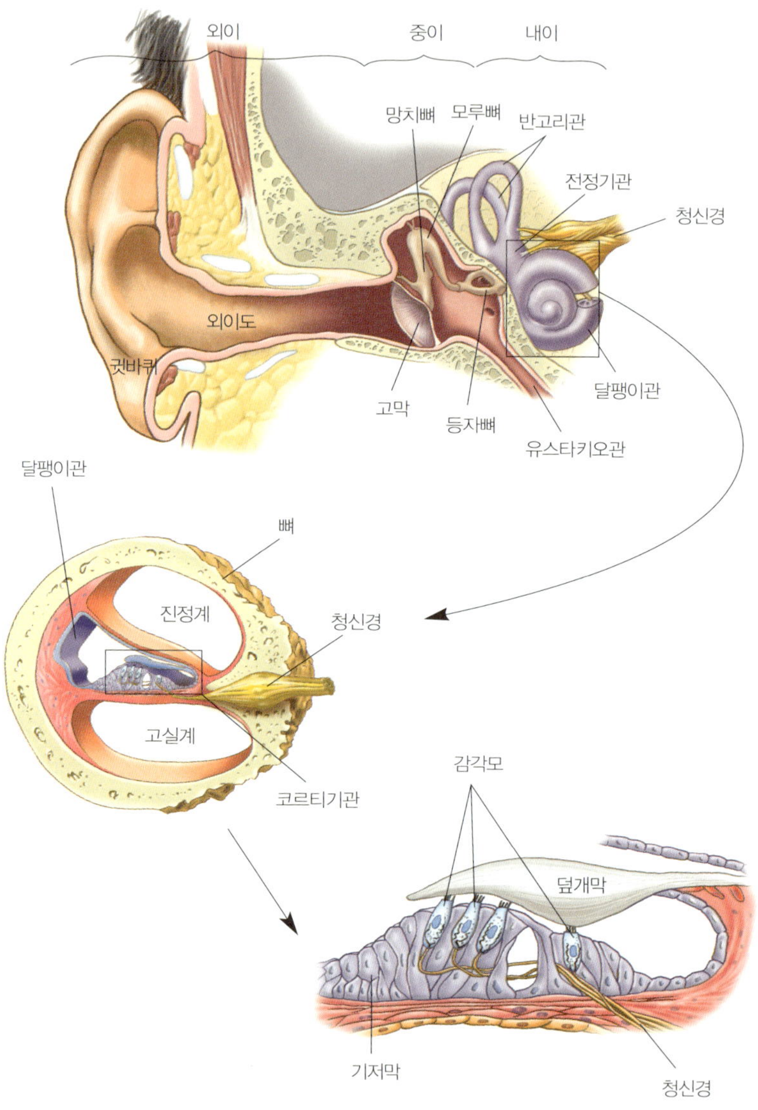

귀의 구조

달팽이관의 바닥에 해당하는 기저막에 존재하는 코르티기관에는 기계적 수용기인 감각모가 달려 있는데, 전달된 진동으로 이들이 덮개막과 접촉하게 되면 청세포가 흥분되어 청신경을 통해 대뇌로 전달되어 소리를 느끼게 된다. 서로 직각으로 배치되어 있는 세 개의 반고리관은 몸의 회전을 감지하고, 전정기관(달팽이관과 반고리관 사이 부분)은 몸의 기울어지는 것을 감지하여 몸의 평형을 유지한다.

:: **미각기와 후각기** | 우리는 특정 화합물을 감지하는 화학 수용기를 통해서 미각과 후각을 느낀다. 거울로 혀를 자세히 보면 표면에 작은 돌기들이 많이 있는 것을 볼 수 있다. 이를 유두라고 부르는데, 바로 여기에 사람의 미각을 담당하는 미뢰(味蕾, 맛 미; 꽃봉오리 뢰)가 존재한다.

글자 그대로 꽃봉오리 모양인 미뢰는 다섯 가지 미각을 감지한다. 네 가지는 우리가 잘 알고 있는 단맛, 짠맛, 쓴맛, 신맛이고, 다섯 번째는 생소하게 들릴 수 있는 우마미(일본말로 맛있다는 뜻) 맛, 우리말로 감칠맛이라 할 수 있다. 1900년대 후반에 일본 학자가 처음 주장했던 우마미맛은 오랫동안 논쟁의 대상이었으나, 2000년 미국의 학자가 혀에서 우마미의 맛을 감지하는 수용체 단백질을 발견하여 우마미가 국제 용어로 공식적인 인정을 받았다. 우마미 맛은 아미노산의 일종인 글루탐산(glutamic acid)에 의한 맛이다. 참고로 조미료인 MSG(monosodium glutamate)의 주성분이 글루탐산이다.

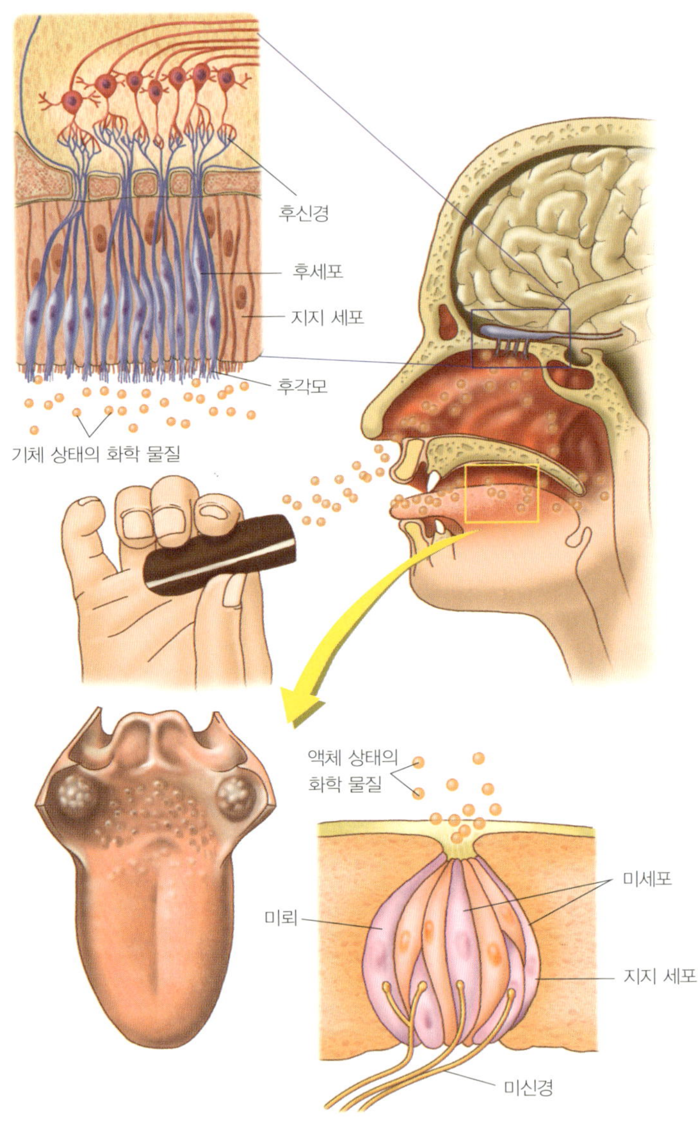

코와 혀의 구조

혀의 부위와 상관없이 미뢰가 있으면 다섯 가지 맛을 모두 감지할 수 있기 때문에 과거에 알려졌던 혀의 맛 분포도는 잘못된 것이다. 또한 사람마다 혀의 모양뿐만 아니라 미뢰의 숫자와 분포 등이 다르기 때문에 특정 맛에 대해 느끼는 정도가 다르다.

냄새를 맡는 후세포는 그 자체가 신경 세포이기 때문에 자극 정보를 직접 뇌로 전달한다. 사람은 1만 가지 종류 이상의 냄새를 맡을 수 있다. 냄새의 본질이 기체 상태로 공기 중에 확산되어 있는 화합물 분자라는 사실을 고려하면, 코에는 그만큼 많은 종류의 냄새 수용체가 존재할 것으로 예상할 수 있다.

실제로 1991년 미국 컬럼비아 대학의 리처드 액슬(Richard Axel)과 린다 벅(Linda Buck)이 사람에서 1,000개 이상의 냄새 수용체 유전자를 발견했는데, 이는 사람의 전체 유전자 중 약 3%에 해당하는 것이다. 또한 이들은 각각의 수용체가 한두 가지 냄새를 맡도록 체계화되어 있다는 사실을 규명하는 일련의 선구적인 연구를 통해 인간의 후각 기관이 작동하는 메커니즘을 규명한 공로를 인정받아 2004년 노벨 의학상을 수상하였다.

'음식의 고상한 맛'을 의미하는 '풍미(風味)'라는 단어에 '바람 풍' 자가 들어 있듯이 후각과 미각이 상호 작용할 때 진정한 맛을 느낄 수 있다. 코감기로 냄새를 제대로 맡을 수 없거나 코를 막고 음식을 먹어보면 그 맛이 현저하게 떨어지는 이유가 바로 여기에 있다.

:: 피부 감각기 ┃ 사람의 피부 감각에는 촉각, 압각, 통각, 온각, 냉각, 다섯 가지가 있다. 촉각 수용기들은 피부의 표면에 존재하고, 특히 모낭 주위에 많이 분포하고 있어서 털끝만 건드려도 예민하게 촉각을 일으킨다. 상대적으로 강한 압력이나 진동에 반응하는 압각 수용기는 피부의 깊은 층에 위치한다. 통각은 특별히 분화된 감각 세포가 없으며 감각 신경의 끝이 바로 자극을 받아 감각이 일어난다. 온각 수용기나 냉각 수용기는 절대 온도를 감지하는 것이 아니라 온도의 변화를 느끼는 것이어서 온도가 오르면 온각으로, 온도가 내려가면 냉각으로 감각되는 것이다. 피부 감각 수용기의 분포는 몸의 부위에 따라 다르지만 평균적으로 통각 수용기가 가장 많고 압각, 촉각, 냉각, 온각 수용기 순으로 많이 분포되어 있다.

6 ┃ 호르몬과 항상성 유지

호르몬(hormone)은 '자극시키다' 라는 뜻의 그리스어인 'horman' 에서 유래하였다. 동물에서는 세포 밖으로 분비되어 혈액이나 림프액을 타고 온몸을 돌아다니며 조절 신호를 보내는 화학 물질을 호르몬이라고 한다. 앞서 얘기한 신경계가 유선 네트워크라면 호르몬은 받는 사람이 지정된 편지에 비유할 수 있다. 호르몬이 순환계를 통해서 체내 모든 세포에 도달할 수는 있지만, 각 표적 세포는 특정 호르몬에만 반응하는 수용체를 가지고 있기 때문에 선택적인 신호 전달이 가능하다. 이러한 화학적 신호 전달 체계를 구성하는 호르몬,

호르몬 분비선, 표적 세포의 수용체를 통틀어 내분비계(endocrine system)라고 한다. 내분비계는 신경계와 함께 우리 몸의 내부 조절과 특히 항상성 유지에 매우 중요하다.

호르몬은 화학적 성질에 따라 수용성과 지용성으로 나눌 수 있고, 화학 구조에 따라 폴리펩티드류, 아민류, 스테로이드류로 나눌 수도 있다. 수용성 호르몬은 혈액에 녹은 상태로 이동하다가 표적 세포 표면에 있는 수용체에 결합한다. 호르몬이 수용체에 붙으면 궁극적으로 세포 내부에서는 특정 효소의 활성 변화와 특정 물질의 흡수 또는 분비 변화 등과 같은 세포 반응이 나타난다. 경우에 따라서는 세포질에 있는 특정 단백질이 핵 안으로 들어가서 특정 유전자의 발현을 변화시킨다. 이에 반하여 지용성 호르몬은 운반 단백질에 결합한 상태로 혈액을 따라 움직이다가 표적 세포 안으로 확산되어 들어가면 세포 안에 있는 수용체와 결합하여 표적 유전자의 발현을 조절한다.

사람은 122쪽 그림에 표시된 주요 내분비선과 내분비 세포에서 150여 가지 호르몬을 생성하여 분비한다. 내분비계를 조절하는 최고 기관이라고 할 수 있는 시상하부는 중추 신경계로부터 들어오는 자극 정보에 근거하여 뇌하수체 호르몬 분비를 촉진 또는 억제할 수 있는 호르몬을 분비한다. 뇌하수체에서 분비되는 호르몬은 주로 다른 내분비선의 기능을 조절하는 역할을 한다. 즉, 뇌의 한 부분으로서 신경계통에 속하는 시상하부와 전형적인 내분비계에 속하는 뇌하수체가 하나의 단위체를 구축하여 우리 몸의 중요한 생리 현상 조

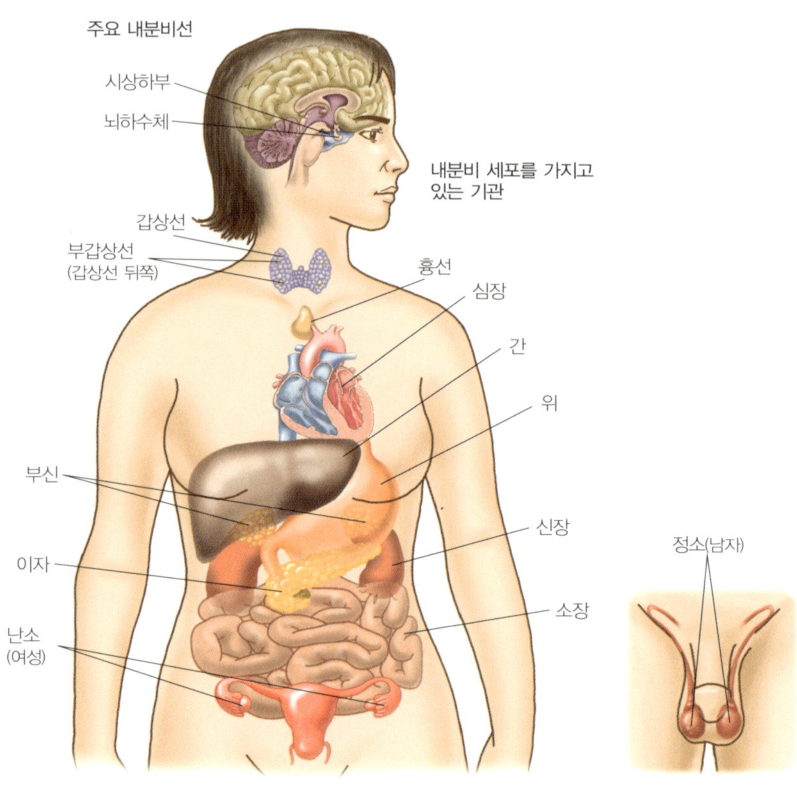

절 중추 기능을 수행하고 있는 셈이다. 주요 호르몬의 기능을 다음 표에 요약되어 있다.

내분비선		호르몬	작용
		성장 호르몬(GH)	성장 세포의 단백질 합성을 증가시켜 근육과 뼈 등의 생장 촉진
		갑상선자극 호르몬(TSH)	갑상선에서 티록신 분비 촉진

뇌하수체	전엽	부신피질자극 호르몬(ACTH)	주로 당류코르티코이드 생성 분비 촉진
		여포자극 호르몬(FSH)	여성에서는 여포 발달과 에스트로겐 분비 촉진 / 남성에서는 세정관 발달과 정자 생성 촉진
		황체형성 호르몬(LH)	여성에서는 배란 촉진 / 남성에서는 안드로겐 분비 촉진
		유선자극 호르몬	유선 발육과 젖단백질 합성 촉진
	후엽	항이뇨 호르몬(ADH)	바소프레신이라고도 함 / 콩팥의 세뇨관에서 수분 재흡수 촉진
		옥시토신	분만 시 자궁 근육을 수축시켜 출산을 도움 / 부족하면 난산
갑상선		티록신	요오드를 함유하고 있으며 물질대사(특히 이화 작용) 촉진
		칼시토닌	뼈에서 칼슘이 빠져 나가는 것을 막아 혈중 칼슘 농도를 낮춤
부갑상선		파라토르몬	뼈에서 칼슘 방출과 신장에서 칼슘 재흡수를 촉진하여 혈중 칼슘 농도를 증가시킴
이자	α세포	글루카곤	간에서 글리코겐 분해 촉진(혈당량 증가)
	β세포	인슐린	간, 근육, 지방을 비롯한 대부분의 세포에 작용하여 혈액에서 세포로 포도당 이동을 촉진(혈당량 감소)
부신	피질	당류코르티코이드 (glucocorticoid)	탄수화물 분해에 의한 혈당 증가 등 주로 탄수화물 대사에 관여 / 감염에 의한 염증 억제
		염류코르티코이드 (mineralocorticoid)	무기염 대사에 관여 / 대표적으로 알도스테론은 신장에서 Na^+재흡수와 K^+배출 촉진
	수질	아드레날린(에피네프린)	물질 대사(간에서 글리코겐 분해, 지방 조직에서 지방 분해 등) 촉진 / 심장 박동 촉진에 의한 혈압 상승
생식선	정소	안드로겐	성 기능 및 남성의 2차 성징 발현
	난소	에스트로겐	성숙한 난소의 여포에서 분비 / 여성의 2차 성징 발현, 지방 축적 촉진
		프로게스테론	배란 후 황체에서 분비 / 배란 억제, 임신 유지

• • 환경 호르몬 • •

환경 호르몬〔정식 명칭은 내분비계 장애 물질(Endocrine Disrupting Chemicals)〕이란 환경에 배출된 화학 물질 중에서 체내에 유입된 후 생체 내에서 합성된 호르몬처럼 작용하여 내분기계 기능 등 생체 내의 여러 가지 생리적 기능을 방해하는 물질을 말하는데, 이 물질이 마치 생체에서 합성된 호르몬처럼 작용한다고 하여 붙여진 이름이다. 환경 호르몬으로 알려진 물질의 대부분은 산업용 화학 물질이 차지하고 있으며, 그밖에 에스트로겐 기능 약물, 식물에서 생산되는 식물성 에스트로겐 등이 포함된다.

이들 환경 호르몬은 동물 및 인간의 생식 기능 저하, 기형, 성장 장애, 암 등을 유발하는 물질로 추정되고 있으며 생태계 및 인간의 호르몬계에 영향을 미쳐 전 세계적으로 생물종에 위협이 될 수 있다는 경각심을 일으켜 오존층 파괴, 지구 온난화 문제와 함께 세계 3대 환경 문제로 등장하였다. 그러나 수많은 화학 물질 중 명확하게 환경 호르몬으로 밝혀진 것은 극히 일부분이며, 대부분의 물질이 잠재적 위험성이 있는 것으로만 알려져 있다. 생체 내에서 합성되는 호르몬과는 달리 환경 호르몬은 쉽게 분해되지 않고, 환경 및 생체 내에 남아서 수년간 지속되기도 하며, 인체 등 생물체의 지방 및 조직에 농축되는 성질이 있어서 그 문제의 심각성을 가중시키고 있다.

8

유한한 생명체가
영원히 사는 법
: 생식

생명체는 모두 DNA라는
동일한 복제기를 위한 생존 기계이다.
(We are all survival machines for the
same kind of replicator-molecules called DNA)
– 리처드 도킨스, 『이기적 유전자』(1976)

지금까지는 사람을 중심으로 생물 개체의 생존 전략에 대해 설명했다. 그렇다면 사람을 포함한 모든 생명체의 생존(survival)의 궁극적인 목적은 무엇일까? 이 질문에 대해 생물학이 주는 답은 바로 번식(reproduction)이다. 지구상에 존재하는 그 어떤 생명체도 죽음을 피할 수는 없다. 생물 개체는 생로병사의 운명을 따를 수밖에 없기 때문에 옛 진시황이 그랬던 것처럼 불로장생은 많은 사람들의 이룰 수 없는 꿈으로 남아 있다. 그러나 생명 현상의 본질이라고 할 수 있는 DNA의 입장에서 보면 상황은 사뭇 달라진다. 해당 개체가 자손을 남겼다면 그 개체는 사라졌을지언즉 유전자는 존속되고 있기 때문이다. 다시 말해서 생명체가 성공적으로 번식을 수행하는 한 유전자는 다시 태어날 수 있는 것이고, 결국 불로장생의 꿈도 실현된 것이라 할 수 있다. 이러하니 생물이 종을 유지하기 위해서 자신과 유사한 유전자 조성을 갖는 개체를 새로 만들어내는 과정인 생식을 모든 생명체의 생존의 목적이라고 해도 과언이 아닐 것이다.

1 | 성지(性地) 순례 ⋮ 생식 기관의 구조와 기능

사람을 비롯한 동물의 생식 기관에는 배우자(정자와 난자)를 만드는 생식선, 배우자를 체외로 운반하는 생식관 및 그 부속 기관, 그리고 외부 생식기가 포함된다. 남자의 생식 기관은 정소(고환), 부정소, 정관, 정낭, 전립선 등의 내부 생식기와 음낭과 음경의 외부 생식기로 되어 있다. 여자의 생식 기관은 난소, 수란관, 자궁, 질 등의 내부 생식기와 음핵, 음순 등의 외부 생식기로 되어 있다.

정소에 '집 소(巢)' 자가 쓰였으니, 정자의 집이라는 뜻. 실제로 정자는 정소 내부를 가득 메우고 있는 세정관(細精管)에서 만들어진 다음, 부정소로 이동하여 성숙된다. 부정소에 있던 정자는 정관을 통해 요도를 거쳐 외부로 방출되는데, 정관과 요도가 합쳐지는 곳에 위치한 전립선, 정낭, 쿠퍼선 등의 부속 기관이 정액을 생성한다. 참고로 정자의 이동 통로인 정관을 차단하는 것이 남성 피임 수술인 정관 수술의 기본 원리이다.

남성의 정소에 해당하는 난소(卵巢, 알집이라는 뜻)는 난자를 생산하는데, 수란관〔알을 나른다는(輸, 나를 수) 뜻〕에 의해서 자궁과 연결된다. 난소의 내부에는 많은 난모 세포가 여포에 싸여 있다. 수란관은 수정이 일어나는 장소인 동시에 수정란을 자궁으로 이동시키는 통로 역할도 한다. 자궁은 수정란이 착상한 후 출산할 때까지 태아가 자라는 곳이다.

2 | 선택받은 세포 만들기 : 정자와 난자의 형성

사람이 지니고 있는 46개의 염색체는 어머니와 아버지로부터 각각 23개씩 물려받은 것이다. 유전자는 염색체에 있으므로 염색체와 함께 다음 세대로 전해진다. 따라서 유전자는 조상과 후손을 이어주는 시공간을 초월한 연결고리인 셈이다. 상황이 이러하니 유전자를 전달하는 생식 세포, 즉 정자와 난자는 체세포와 비교하면 엄청난 특혜를 받은 선택된 세포인 것이다.

체세포 분열로 세포수가 증가하는 것이 바로 우리 몸의 성장이다. 일반적으로 사춘기에 이르면 생식 기관이 발달하기 시작하면서 배우자를 생산하기 시작한다. 앞서 언급한 대로 이러한 배우자 생산을 포함한 생식 세포 분열은 남자의 정소와 여자의 난소에서 일어나게 된다.

생식 세포 분열은 체세포 분열과는 분명히 달라야 한다. 생각해보자. 만약 정자와 난자가 체세포와 같은 수의 염색체를 가지고 수정을 한다면 새로운 생명체의 염색체 수는 부모의 두 배가 될 것이다. 이를 막기 위해서 배우자는 염색체수를 반으로 줄여야 하는데, 이 과정을 감수 분열이라고 한다. 또한 감수 분열 과정에서 유전자 재조합(교차)이 일어나서 부모와 다른 형질의 자식이 태어날 수 있는 것이다. 감수 분열은 크게 두 번의 세포핵 분열(제1감수 분열, 제2감수 분열) 과정으로 나눌 수 있으며, 각각을 다시 전기, 중기, 후기, 말기로 구분할 수 있다.

태아의 정소와 난소에는 향후 정자와 난자가 될 생식원 세포가 존재한다. 남성의 경우 생식원 세포는 체세포 분열을 거듭하여 많은

제1분열 : 이형 분열(상동 염색체의 분리 2n → n)

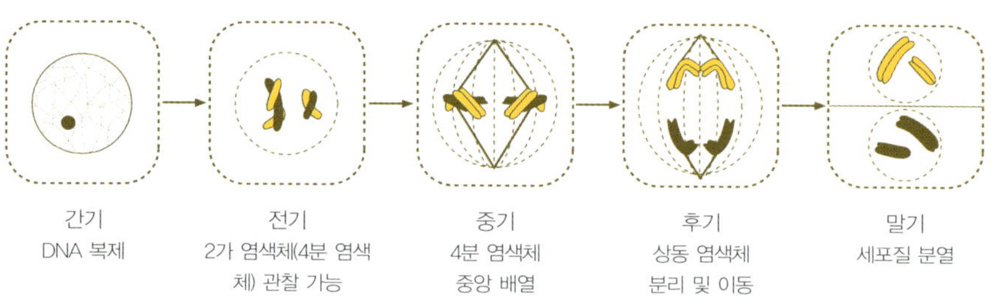

제2분열 : 동형 분열(염색 분체의 분리 n → n)

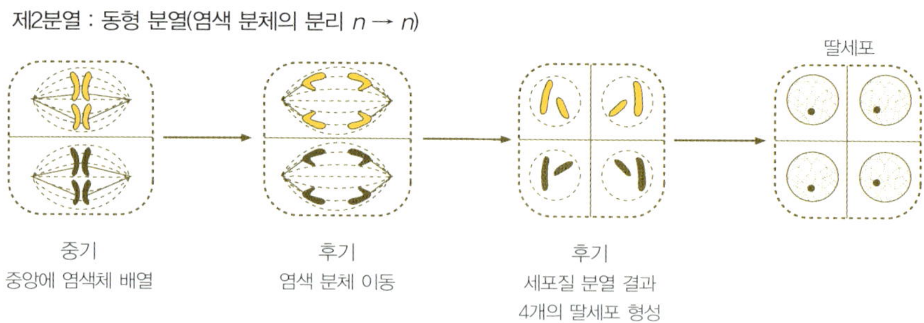

한눈에 쏙! 생물 지도

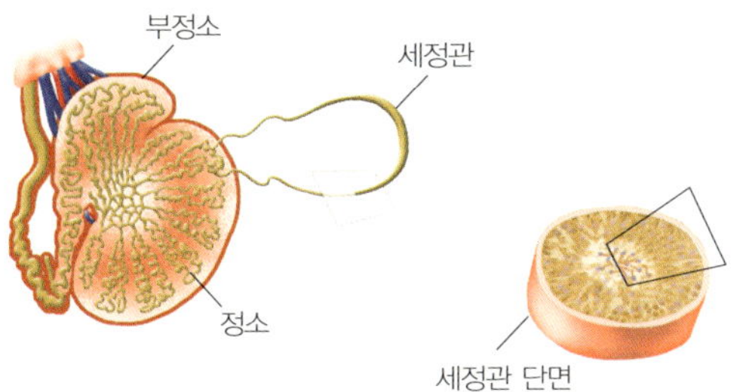

부정소
세정관
정소
세정관 단면
정원 세포 ——— 2n
제1정모 세포 ——— 2n
제2정모 세포 — n n
정세포 — n n n n
정자 — n n n n

생명
영양소
소화
순환
호흡
배설
자극과 반응
생식
유전
생태와 환경

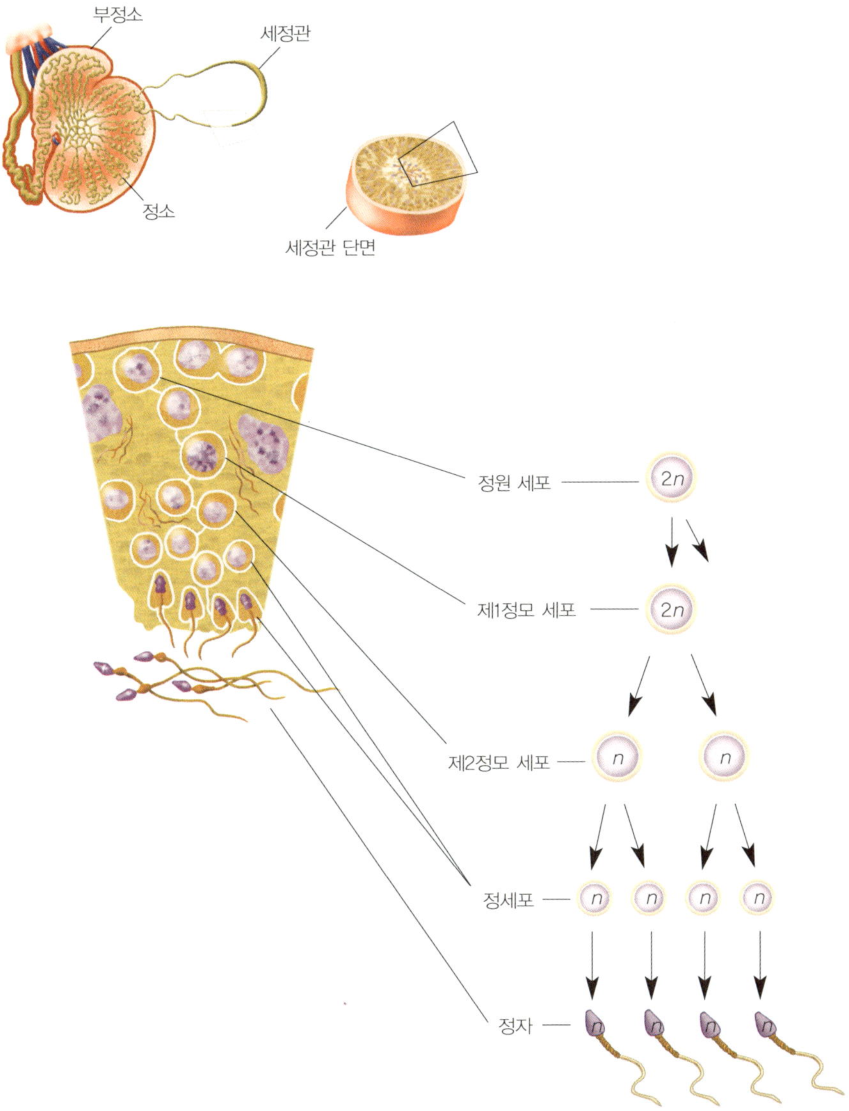

정자의 형성

수의 정원 세포가 되고, 사춘기에 이르면 계속 분열하고 성장하여 제1정모 세포가 된다. 제1정모 세포는 감수 분열을 거쳐 2개의 제2정모 세포가 되고$(2n{\rightarrow}n)$, 재차 분열하여 4개의 정세포가 된다. 정세포는 복잡한 분화 과정을 거쳐 세포질이 거의 퇴화하고 형태가 변하여 편모를 가진 정자가 된다.

여성은 난원 세포가 체세포 분열에 의해 제1난모 세포가 된 상태로 태어나기 때문에 신생 여아의 난소에는 이미 감수 제1분열의 전기에 멈춰 있는 수많은 제1난모 세포들이 존재한다. 사춘기에 이르면 중단되었던 제1난모 세포의 감수 분열이 재개되는데, 선택된 제1난모 세포만이 약 28일을 주기로 감수 분열을 진행하여 제2난모 세포와 제1극체를 형성한다. 특히 정모 세포의 감수 분열과는 달리 난모 세포의 경우에는 제1분열과 제2분열시 세포가 같은 크기로 분열되지 않고 작은 극체를 방출한다. 따라서 2회 분열의 결과 1개의 난자만이 생성된다. 여성은 일생 동안 대략 400개 정도의 난자만을 만들기 때문에 대부분의 제1난모 세포는 폐경기에 이르러 난소가 퇴화되면 함께 소멸된다.

3 | 왜 마법에 걸리나? : 생식 주기

성숙한 난자는 보통 28일을 주기로 2개의 난소 중 하나로부터 방출되는 과정을 번갈아가며 반복하는데 이를 여성의 생식 주기라고 한다. 자궁의 내막은 생식 주기에 따라 수정란의 착상에 대비하여 두

터워진다. 수정란이 착상하지 않은 경우에는 자궁 내막이 파열되어 출혈이 생기는데, 이것이 바로 월경이다. 따라서 월경이 시작되는 날부터 다음 월경이 나타날 때까지의 기간을 여성의 생식 주기라고 말할 수 있다.

첫 출혈이 시작되고 약 2주가 지나면 난자가 배출된다. 이 기간에는 뇌하수체에서 분비된 여포 자극 호르몬(follicle stimulating hormone, FSH)이 난소에 있는 여포(follicle)를 자극하게 되면 여포 안에서 제1난모 세포가 감수 분열을 시작하여 난자를 만들고, 여포는 성숙되어 에스트로겐(여포 호르몬)을 분비한다. 에스트로겐은 자궁벽을 두껍게 해주는 동시에 FSH 분비를 억제시키고, 뇌하수체에서 황체 형성 호르몬(LH)의 분비를 촉진시킨다. LH는 성숙한 여포를 파열시켜 난자를 배출(배란)하는데, 이때가 임신이 가장 잘되는 시기이다.

난자를 배출한 여포는 황체로 변한다. 황체에서는 프로게스테론(황체 호르몬)이 분비되어 자궁벽을 더욱 두껍게 하여 임신에 대비하며, FSH의 분비를 억제시켜 새로운 난자의 형성을 막는다. 배란된 난자가 수정을 하지 못해 수정란이 자궁에 착상되지 않으면 황체는 급격하게 퇴화된다. 이에 따라 프로게스테론 분비량도 현저하게 줄기 때문에 두꺼워졌던 자궁 내막의 부분이 자궁벽에서 탈락하여 조금씩 떨어져 나오면서 월경이 시작된다.

여성의 생식 주기를 호르몬 중심으로 정리해보자. 뇌하수체에서

FSH 분비 → 여포가 성숙되어 에스트로겐 분비 → 뇌하수체에 작용하여 FSH 분비 억제 및 LH 분비 유발 → LH는 성숙한 여포를 파열시켜 배란 촉진 → 배란 후 여포는 황체가 되어 프로게스테론 분비 → FSH 분비 억제 → 배란된 난자가 수정되지 않으면 프로게스테론 양이 줄고 두터워졌던 자궁 내막이 파열되어 월경 시작 → 뇌하수체에서 다시 FSH의 분비가 시작되어 새로운 생식 주기 시작

넓게 보기

• • 마법이 풀리고 난 뒤 • •

요사이 대중매체를 통해서 여성의 폐경기 치료를 위한 계몽 또는 홍보성 정보를 자주 접하게 된다. 통상 50세 전후로 찾아오는 폐경기는 글자 그대로 월경이 없어지는 시기로서 폐경에 따른 많은 신체 변화를 겪게 되는 때이다. 노화의 한 과정으로 큰 문제 없이 넘기는 여성도 있지만 적잖이 어려움을 당하는 여성도 상당수라고 한다.

본문에서 설명한 대로 난소에서는 두 가지의 호르몬(에스트로겐과 프로게스테론)이 생성된다. 에스트로겐은 사춘기에 여성의 2차 성징이 나타나게 하고, 그 후로도 생식기에 작용하여 월경, 임신 등에 중요한 기능을 수행할 뿐만 아니라 유방, 근골격계 등 몸 전체에 걸쳐 전신적으로도 다양한 작용을 한다. 자궁에 작용하여 임신을 건강하게 유지시키는 프로게스테론은 유방에도 작용하여 유선을 발육시킨다. 나이가 들어 난소가 노화되면 이들 호르몬의 생성이 감소되고, 그 결과 여러 육체적 · 정신적 변화가 나타나는데 이를 폐경기증후

군이라고 한다. 1960년 53.7세였던 대한민국 여성의 평균 수명이 2008년에는 82.3세로 향상되었다. 따라서 우리나라 여성 대부분은 폐경 후 약 30년간을 보내게 되는 셈이니, 폐경기에 대한 관심이 높아질 만하다.

4 │ 불완전한 둘이 만나 완전한 하나가 되기까지 : 수정과 발생

"전하, 정빈마마께서 수태(受胎)를 하신 듯하옵니다." 사극에서 종종 들을 수 있는 대사이다. 아이를 가졌다는 뜻인 '수태'라는 단어를 생물학적으로 풀어보면 수정과 착상이라는 두 가지 의미이다.

수정은 수란관에서 난자가 정자를 만나 정핵과 난핵이 융합하여 수정란이 만들어지는 과정이다. 수란관 내벽의 연동 운동과 내벽에 있는 섬모에 의해서 자궁으로 운반되는 수정란은 이동 중에 분열을 계속하여 자궁에 도달할 쯤에는(수정 후 약 7일) 속이 빈 포배 상태로 자궁 내막에 들어가 자리를 잡고 발생을 시작한다. 이것을 착상이라고 하며, 이때부터 임신이 되었다고 한다.

사람의 임신 기간 중 발생 과정은 크게 세 단계로 구분할 수 있다. ① 수정, 난할, 착상이 일어나는 난할 시기(첫 2주), ② 몸의 기관을 형성하기 위하여 세포 또는 조직 사이에 상호 작용이 일어나는 배아기(3~8주), ③ 배아가 아니라 태아라고 부르는 태아기(9주 이후).

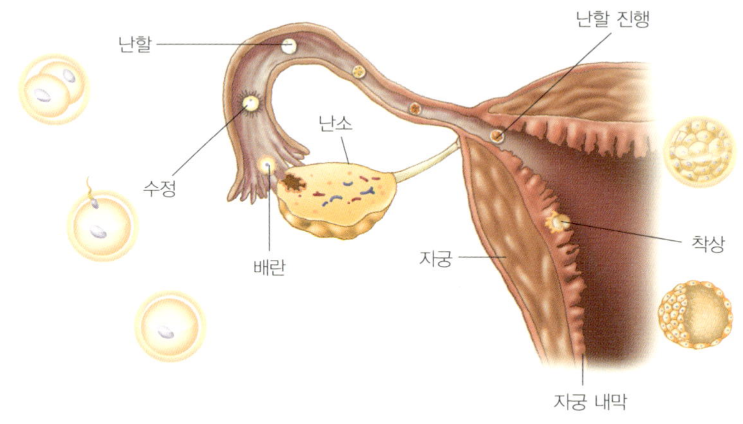

수정과 착상 과정

5 | 야동보다는 운동

조선후기 화가인 신윤복의 작품인 〈단오풍정(端午風情)〉은 단오에 창포물에 머리를 감고, 그네를 뛰며 놀던 조선 시대 여인들의 모습을 담고 있다. 그런데 이 그림의 한쪽에 목욕하는 여인들을 훔쳐보고 있는 소년들의 모습이 그려져 있는 걸 보면, 당시 엄격했던 유교적 분위기도 이성에 눈을 뜬 사춘기 소년의 호기심을 막기에는 역부족이었던 것 같다.

사실 2차 성징이 나타나며 성적으로 성숙되는 사춘기에 이성에 대한 관심이 높아진다는 것은 자연스러운 현상이기 때문에 사춘기 청소년들의 성적 호기심을 금기시하기보다는 올바른 교육을 통해 이를 풀어주고 나아가서 올바른 성 윤리관을 확립하도록 도와주어야 한다. 물론 여기에는 당사자인 청소년들의 진지한 참여가 필요하다. 아무 생각이 없다가도 아이스크림 광고를 보면 군침이 돌고 라면 광고를 보면 출출해지는 것처럼 자꾸만 보게 되면 볼수록 빠져드는 것이 바로 야동이라는 것이다. 호기심에 한두 번 마주쳤다면, '비례물시(非禮勿視, 예가 아니면 보지도 말라)'라고 외치고 운동으로 기분을 전환하고 체력도 단련하시기를.

9

영생(永生)의 규칙
: 유전

그 아버지에 그 아들
父傳子傳
Like sons, like fathers
– 우리나라, 중국, 서양 속담

'엄마(또는 아빠)를 쏙 빼닮았어. 완전 국화빵이야.' 이런 말들을 흔히 한다. 그렇다. 자식은 부모를 닮는다. 하지만 부모가 자식을 닮았다고는 말하지 않는다. 상식적으로도 부모가 자식을 닮을 수는 없다. 왜냐하면 부모가 원조이기 때문이다. 사실 부모를 기준으로 생각해보면 자식은 나와 비슷하기는 하지만 똑같지는 않기 때문에 오히려 약간 달라졌다고 볼 수도 있다.

부모와 자식이 닮았으면서도 다른 이유는 생명 현상의 정보를 담고 있는 물질(유전 물질)을 부모에게서 받지만, 이를 전달하는 과정에서 변화가 생기기 때문이다. 바로 이것이 2009년으로 탄생 200주년과 『종의 기원』 출간 150주년을 맞이하는 다윈(Charles Robert Darwin,

1809-1882)이 제시한 진화론의 핵심이다. 즉, 다윈은 부모와 자식이 대체로 닮았지만 조금씩 다른 것처럼 자식이 살아가야 할 환경도 부모가 살았던 환경과 비슷하면서도 조금씩 다름을 인지하고, 새로운 환경에서 생존에 도움이 되는 변이를 가진 자식이 더 잘 번성한다는 가설을 세우게 되었고, 이를 변형된 세습(Decent with Modification) 과 자연선택(Natural Selection)이라는 표현으로 함축시켰다.

1 ┃ 유전 물질의 정체 ┊ 유전자와 염색체

다윈과 동시대를 살았던 멘델(Gregor Johann Mendel, 1822-1884) 은 생물 개체의 형질이 어떤 인자에 의해 나타나며 이 인자가 자식에게 전해진다고 말했다. 멘델이 언급한 인자는 오늘날 유전자

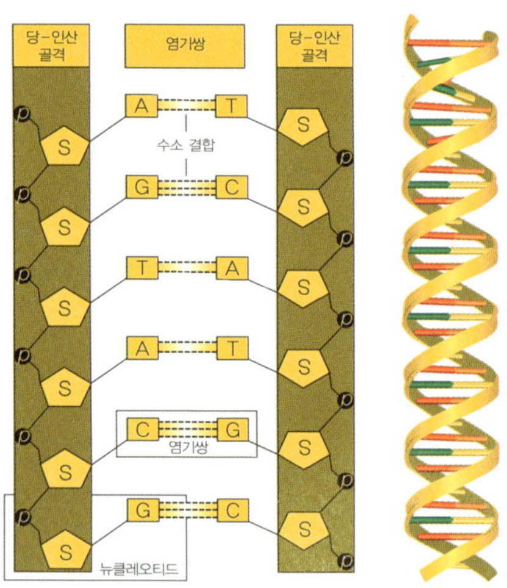

DNA의 구조

라는 개념으로 알려져 있다.

유전자가 들어 있는 염색체는 DNA와 단백질로 이루어져 있는데, DNA(deoxyribonucleic acid)가 바로 유전자의 본체이다. 이름에서 나타난 대로 DNA는 5탄당인 디옥시리보스를 갖는 핵산(세포의 핵 속에 존재하는 산이라는 뜻)으로 뉴클레오티드(nucleotide) 단위체가 연결된 중합체이다. 뉴클레오티드에는 네 종류 염기인 A(아데닌), T(티민), G(구아닌), C(시토신)가 붙을 수 있는데, 이들 염기가 결합하여 염기쌍을 이룸으로써 DNA 이중 나선구조가 형성된다.

2 │ 우성이 열성을 지배한다 ： 상염색체에 의한 유전

형질이란 특정 생명체가 가지고 있는 고유한 모양과 성질을 의미하는 용어로 쌍꺼풀, 피부색, 키, 식성, 성격 등 유전자의 영향을 받아 나타나는 모든 특성을 말한다. 멘델 이전 시기에 유전 현상에 대한 설명으로 널리 알려졌던 '혼합 가설'은 빨간색 물감과 하얀색 물감이 섞이면 분홍색 물감이 되는 것처럼, 부모의 유전 형질이 자손에서 섞인다는 것이다.

1860년대에 멘델은 수도원 정원에서 보라색과 흰색 완두콩 꽃을 대상으로 두 세대에 걸쳐 형질 변화를 관찰 분석하였다. 혼합 가설대로라면 보라색과 흰색 꽃을 가진 식물 교배로 생긴 자손의 꽃들은 연한 보라색이었을 것이다. 그러나 1세대에서는 모두 보라색 꽃만 나타났고, 2세대에서는 약 3:1의 비율로 보라색과 흰색 꽃이 모두 나타났다. 멘델은 흰색 꽃에 대한 유전 인자(현재의 유전자 개념)가 제1세대에서 사라진 것이 아니라 보라색 꽃 유전인자가 이를 가렸다고 추론하고, 보라색과 흰색을 각각 우성과 열성 형질이라는 용어로 표현하였다. 나아가서 멘델은 다음 네 가지 개념을 도입하여 2세대에 우성과 열성 형질의 3:1 비율로 나타나는 이유를 설명하였다. 여기서는 이해를 돕기 위하여 현재 알려진 용어를 사용하였다.

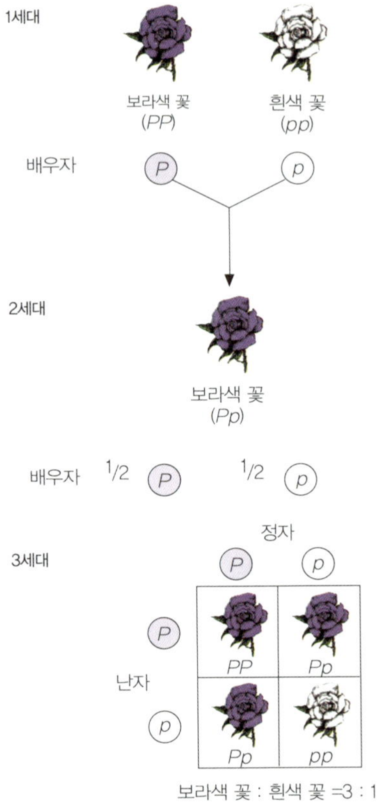

① 여러 가지 유전자 변이 때문에 형질이 다양해진다. 완두콩 꽃 색깔의 경우 보라색과 흰색에 대해 각각의 유전자가 존재하는데, 이를 대립 유전자라고 한다.

② 생명체는 각 형질에 대하여 부모로부터 각각 한 개씩의 대립 유전자를 물려받는다. 멘델은 염색체에 대한 사실을 전혀 모르는 상태에서 이러한 사실을 추론하였다.

③ 해당 형질에 대한 대립 유전자가 다른 경우에는 우성 대립

유전자(영문 대문자로 표시)가 표현형(겉으로 보이는 모양새)을 결정하기 때문에 열성 대립 유전자(영문 소문자로 표시)의 형질은 드러나지 않는다. 이것이 우열의 법칙이다.

④ 한 가지 형질에 대한 두 개의 대립 유전자는 배우자 형성 과정에서 분리되기 때문에 정자 또는 난자에는 체세포에 있는 대립 유전자 중 하나만 존재한다. 이것이 분리의 법칙이다.

멘델이 열성 형질에 대한 유전 인자가 1세대 잡종에서 우성 유전 인자와 함께 있어도 혼합되지 않는다는 것을 과학적으로 증명함에 따라, 부모가 물려주는 유전 인자는 자손에서 섞이지 않고 각각의 본질을 유지하는 입자 형태라는 '입자 가설'이 이전의 '혼합 가설'을 대체하게 되었다. 또한 두 개 형질(완두콩 씨의 색깔과 모양)에 대한 유전 양상에 초점을 맞추어 후속 연구를 진행한 멘델은 '독립의 법칙'을 발견하였다. 이 법칙의 핵심은 완두콩 씨의 색깔과 모양처럼 각각 다른 형질에 대한 대립 유전자 쌍은 서로 독립적으로 분리되어 배우자로 들어간다는 것이다.

3 │ 멘델 법칙의 성립 조건과 근대 유전학의 발전

근대 유전학은 멘델 법칙을 따르지 않는 사례에 대한 연구를 통해 발전했다고 할 수 있다. 이는 멘델 법칙이 잘못되었다는 것이 아니라 멘델 법칙을 다양한 생명체의 유전에 적용하는 과정에서 멘델이 설명하지 못했던 복잡한 유전 양상을 설명함으로써, 멘델의 유전학설을 확대발전시켰다는 뜻이다. 다음은 멘델 법칙이 그대로 적용되지 않는 대표적인 사례를 요약한 것이다.

① 한 대립 유전자가 불완전 우성인 경우와 공동 우성인 경우에는 각각 중간 표현형과 두 대립 유전자 모두의 표현형이 나타나게 된다. 또한 사람의 ABO 혈액형처럼 대립 유전자의 종류가 세 개 이상인 복대립 유전자도 멘델 법칙의 예외인 경우이다. 사람 혈액형 대립 유전자가 A, B, O 의 우열 관계를 살펴보면 A와 B는 서로 공동 우성이지만, O에 대해서는 완전 우성이다. 그 결과 혈액형은 다음과 같이 나타난다.

유전자형	AA, AO	BB, BO	AB	OO
표현형(혈액형)	A형	B형	AB형	O형

② 동일한 염색체에 존재하는 대립 유전자 쌍은 독립의 법칙을 따르지 않는다.

③ 특정 형질의 결정에는 하나의 유전자만 관여하기도 하지만 대부분 여러 개의 유전자가 관여한다. 머리카락(직모, 곱슬), 쌍꺼풀 유무, 혀말기 능력 유무, 귓불(부착형, 분리형) 등의 형질은 하나의 유전자에 의하여 결정되기 때문에 단일 유전 형질이라고 하는

반면, 키, 몸무게, 피부색 등의 형질은 여러 개의 유전자에 의해서 결정되기 때문에 다인자 유전 형질이 라고 한다. 다인자 유전 형질은 해당 집단 내에서 연속적으로 나타나는 것이 특징이다.

1903년 미국의 세포학자 서튼(Walter Stanborough Sutton, 1877~1916)은 세포 안에 있는 염색체의 행동을 현미경으로 관찰하여, 핵 안에 있는 염색체는 상동 염색체(모양과 크기가 같은 염색체로 쌍을 이루고 있는데 아버지와 어머니로부터 각각 하나씩 물려받은 것임)끼리 쌍으로 존재한다는 사실과 생식 세포 형성(감수 분열)시 염색체의 행동이 멘델이 말한 유전 인자의 행동과 일치한다는 사실을 발견하였다. 이를 근거로 서튼은 생물의 유전 인자가 염색체에 존재한다는 염색체설을 발표하였다. 또한 서튼은 유전 인자의 종류가 염색체 수보다 더 많다는 사실을 인식하고 한 개의 염색체에 여러 가지 유전 인자가 함께 있다는 주장도 했다.

1906년에 이르러 '유전자'라는 새로운 용어가 만들어져 멘델이 언급한 유전 인자를 표현하게 된다(현대 생물학에서는 생물 형질에 관한 특정 정보를 가진 DNA 조각을 유전자라고 정의함). 특정 유전자는 특정 염색체상의 특정 위치를 차지하고 있다는 사실은 1920년대 미국의 발생유전학자 모건(Thomas Hunt Morgan, 1866~1945)의 초파리 연구를 통해서 확실하게 규명되었다. 모건은 초파리에서 X염색체의 전달과 눈 색깔 유전이 서로 관련되어 있다는 사실을 발견하였는데,

이것이 유전자가 특정 염색체에 위치한다는 것을 보여주는 최초의 확실한 증거였다. 이처럼 하나의 염색체에 존재하는 유전자들을 서로 연관되어 있다고 하며, 연관된 유전자들을 연관군이라고 한다.

멘델이 처음 제안했을 당시 '유전 인자'라는 개념은 지극히 추상적인 개념이었다. 그러나 멘델 자신과 그 뒤를 이은 많은 학자들의 연구 성과로 이제 우리는 개개의 유전자들이 염색체에 존재한다는 것을 확실하게 알게 되었다.

4 │ 남녀 '차별'하는 성염색체 유전

대부분의 생명체에서 나타나는 암수의 구분도 분명한 표현형 중 하나이다. 같은 종의 생물들은 체세포에 들어 있는 염색체의 수와 모양이 같다. 사람의 체세포에 들어 있는 염색체는 모두 46개인데, 이 염색체 중 22쌍이 상염색체이고, 1쌍이 X 또는 Y와 같은 성염색체로 구성되어 있다.

Y염색체보다 훨씬 큰 X염색체에는 성을 결정하는 유전자 이외에도 다른 형질에 대한 유전자가 많이 존재하는데, 이들을 반성 유전자(sex-linked gene)라고 한다. 딸은 아버지와 어머니로부터 각각 X염색체를 물려받는 반면, 아들은 어머니에게서는 X염색체를, 아버지에게서는 Y염색체를 받아 성염색체의 구성이 XY가 된다. 따라서 아들은 X염색체를 어머니한테서만 물려받는다. 바로 여기서 남녀 차별의 문제가 생기게 된다.

X염색체에 존재하는 열성 대립 유전자의 형질은 아들에서는 항상 표현형으로 나타나는 반면, 딸의 경우에는 두 개의 대립 유전자가 모두 열성일 경우에만 해당 형질이 나타난다. 이런 이유 때문에 남성이 여성보다 훨씬 많은 반성 열성 유전병을 가지게 된다. 대표적인 예로 색맹을 들 수 있다. 색맹에 대한 표현형은 정상인 남녀(XY, XX, XX')와 색맹인 남녀(X'Y, X'X')이다. 따라서 어머니가 색맹인 경우 아들은 반드시 색맹으로 태어나지만, 딸의 경우에는 아버지가 정상이면 색맹이 되지 않는다.

혈액 응고에 필요한 단백질 결핍으로 생기는 혈우병(hemophilia)이나 디스트로핀(dystrophin)이라는 중요한 근육 단백질 결핍으로 생기는 뒤셴 근위축증(Duchenne muscular dystrophy) 등과 같이 사람에서 나타나는 많은 반성 유전병은 색맹보다 그 증세가 훨씬 심각하다. 뒤셴 근위축증 환자는 대부분 20대 초반에 사망한다. 혈우병 환자는 결핍된 단백질을 정맥 주사로 맞으면서 지속적인 치료를 받을 수 있다.

X염색체에 존재하는 반성 유전자와는 달리 Y염색체에 존재하는 유전자는 아들에게만 전달된다. 이러한 유전 현상을 한성 유전이라고 하는데, 사람의 귓속털과다증이 여기에 해당한다.

5 | 규칙 준수의 중요성 : 염색체 이상

"더도 덜도 말고 46개만 유지하라."

감수 분열 과정에서 상동 염색체 또는 염색 분체의 분리가 제대로 이루어지지 않으면(128쪽 그림 참조) 비정상적인 염색체 수를 갖는 배우자가 생기게 된다. 이런 배우자가 수정되면 대부분의 경우 정상적인 발생을 할 수 없어 임신 초기에 유산되지만, 그 이상 정도가 비교적 가벼우면 생명을 이어가기도 한다. 염색체 수 이상으로 생기는 유전병은 다음 표와 같다.

유전병	염색체 수	원인 및 증상
다운 증후군 (Down syndrome)	$2n = 47$	· 21번 염색체가 3개 · 특이한 안면 표정, 작은 키, 정신 박약, 짧은 수명
에드워드 증후군 (Edwards syndrome)	$2n = 47$	· 18번 염색체가 3개 · 특이한 손발 모양, 작은 머리, 심장 기형, 정신 박약
클라인펠더 증후군 (Klinefelter syndrome)	$2n = 47$	· 성염색체가 XXY · 남성 생식 기관 있으나 정소가 작고 불임, 가슴 발달 등 여성의 신체적 특징이 흔히 나타남.
터너 증후군 (Turner syndrome)	$2n = 45$	· 성염색체가 X · 체형은 여성이지만 생식 기관이 성숙하지 않아 불임, 대부분의 경우 지능은 정상

6 | 염색체 이배성($2n$)에 따른 득과 실

이미 앞에서 언급한 대로 사람의 염색체는 모두 46개로 23쌍의 상동 염색체로 구성되어 있다. 즉, 같은 형질에 관여하는 대립 유전자가 같은 순서로 배열된 염색체가 짝을 이루고 있는 것이다. 이 때문에 열성 대립 유전자의 형질은 겉으로 드러나지 않아 자연 선택을 받지 않는다. 다시 말해서 주어진 환경에서 우성 대립 유전자의 형질보다 불리하거나 심지어 해로운 경우에도, 우성 대립 유전자와 짝을 이루고 있으면(이를 이형 접합자라고 함) 숨겨진 상태로 계속 세대를 거쳐 증식될 수 있다.

결과적으로 이형 접합자는 현재 환경에서는 불리한 형질을 가지고 있지만 환경이 변해서 이득을 줄 수 있는 유전자를 존속시켜 유전자 다양성을 유지하는 데 기여한다는 점에서는 해당 생명체 집단에 도움을 준다고 볼 수 있다. 그러나 유전병 관련 유전자를 놓고 보면 정반대의 상황에 직면하게 된다. 유전병을 일으키는 열성 유전자는 이형 접합자 상태로 정상인 속에 숨어서 다음 세대로 전해지다가 같은 열성 유전자를 만나 동형 접합자가 되었을 때에만 발병하기 때문에 설사 그 증상이 중증이어서 해당 환자가 자손을 남기지 못하고 사망하더라도 해당 유전자는 소멸되지 않는다.

깊게 보기

·· 과학적 이론의 특성과 다윈 진화이론 ··

과학적 가설(hypothesis)은 반드시 검증 가능해야 하고 검증 결과에 따라 폐기될 수도 있어야 한다. 가설이 계속된 검증을 거치면서 버려지지 않고 살아남으면 그 가설은 신뢰를 얻어 과학적 이론(theory)으로 한 단계 발전하게 된다.

과학적 이론은 검증 가능한 새로운 가설이 파생될 수 있을 정도로 보편적 특성을 지녀야 하며, 가설에 비해서 엄청나게 많은 증거에 의해 뒷받침되어야 한다. 그러나 오랫동안 널리 받아들여지고 있는 과학적 이론이라 할지라도 새로운 연구에 의해 어긋난 결과가 산출되면 그 이론은 변형되거나 심한 경우에는 버려질 수도 있다. 결국 모든 과학적 이론은 불확실한 것으로 간주해야 한다. 과학이 '진리를 향한 끝없는 탐구과정'이라고 정의되는 이유가 바로 여기에 있다. 다시 말해서 과학은 발전 중에 있는 현재 진행형으로, 미완의 상태인 것이다.

다윈은 현존하는 생물 종들이 유전 형질에 대한 자연선택에 의해 천천히 진화해 왔다고 생각했다. 그러나 그런 형질들이 어떻게 생겨나고 유전되는지에 대해서는 전혀 알지 못했다. 20세기에 들어서야 유전에서 DNA가 담당하는 역할이 밝혀지게 되었고, 이후 눈부시게 발전한 현대 생물학(특히 유전학과 분자생물학)은 다윈의 진화이론을 시험대 위에 올려놓았다. 즉, 새로운 생물학 연구 결과들이 진화론의 주요 주장들을 반박할 수도 있었기 때문이다. 하지만 그렇지 않았다. 오히려 현재까지의 연구 결과는 모두 다윈 진화론의 세부 가설들을 지지하고 있다. 하나의 예로서 세계 최고의 권위를 자랑하는 종합 학술지인 《네이처》에 발표된 논문 한 편[3]을 소개하겠다.

침팬지, 고릴라, 오랑우탄과 같은 유인원의 세포에는 24쌍의 염색체가 존재한다. 인간과 유인원의 조상이 같다면 인간도 24쌍의 염색체를 가지는 것이 더 자연스러울 것이다. 하지만 이미 설명한 대로 우리는 23쌍의 염색체를 가지고

---

3 Generation and annotation of the DNA sequences of human chromosomes 2 and 4. 434:724–731 (2005).

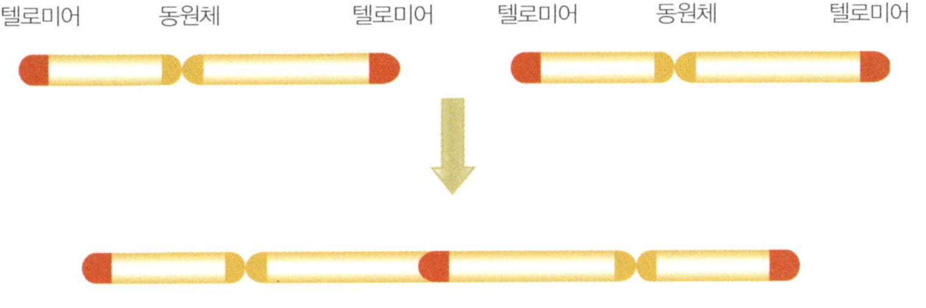

있다. 다윈의 진화론에서 말하는 공통 조상 가설이 옳다면 도대체 염색체 한 쌍은 어디로 갔을까? 이 논문의 저자들은 인간 세포에는 원래 24쌍의 염색체가 있었는데, 이 중 1쌍이 다른 염색체와 붙어 23쌍이 되었다는 가설을 세우고 이를 검증하기 위해 인간 염색체의 구조 분석을 시도하였다.

염색체의 중간과 말단에는 각각 동원체(centromere)와 텔로미어(telomere)라고 부르는 부분이 존재한다. 만약 어떤 변이를 통해서 두 쌍의 염색체가 붙게 되었다면, 그 염색체는 텔로미어가 염색체의 말단뿐만 아니라 중간에도 나타나야 할 것이고, 동원체는 하나가 아니라 두 개가 나타나야 할 것이다. 인간 염색체 중에 이런 구조를 가진 것이 있다면 인간의 염색체수가 유인원보다 하나 적은 이유가 설명될 수 있을 것이고, 그렇지 않다면 공통 조상 가설은 버려질 위기에 놓일 것이다. 그런데 바로 인간의 2번 염색체가 이러한 구조를 가지고 있음이 확인되었다.

요컨대, 과학에서는 충분한 증거가 있고 검증 가능한 가설을 이론이라고 한다. 즉, 과학적 이론은 자연 현상들에 대해 정당한 설명을 제공하지만 불변의 진리는 아니라는 얘기이다. 따라서 다윈 진화 이론을 포함한 모든 과학적 이론은 불확실한 것으로 간주해야 한다. 인간 유전체를 비롯한 많은 생물의 유전체 정보 분석이 가능한 현대 생물학에서는 돌연변이를 통해 새로운 변이를 가진 개체들이 집단에 나타나고 이들이 자연선택 과정을 거치면서 집단의 유전자 구성에 변화가 생긴다는 소진화(microevolution)는 명확히 검증되어 생물학을 하나로 묶어주는 핵심 과학적 원리로 자리매김하였다. 그러나 소진화적 변화들이 오랜 기간 축적되어, 새로운 종의 출현으로 이어질 수 있다는 대진화(macroevolution)를 둘러싼 많은 문제점들은 아직도 풀리지 않고 있다. 결국 다윈 진화 이론은 경험적 자연과학과 사변적(思辨的) 자연철학의 성격을 모두 지니고 있다고 할 수 있다.

조화로운 삶을 향해
: 생태와 환경

10

사람은 대자연의 거룩하고
아름답고 영광스러운 조화를 깨뜨리는
한 오점 또는 한 잡음밖에 되어 보이지 아니한다.

―이양하의 〈신록예찬〉 중에서

45억 년 지구 역사를 24시간으로 환산하면 최초의 생명체인 원시 미생물은 새벽 4시경에 탄생하여 밤 9시까지는 미생물들만의 세상이었고, 삼엽충 → 어류 → 양서류 → 파충류 → 조류 → 포유류로 이어지는 생물 진화의 역사는 나머지 세 시간 사이에 일어났으며, 특히 인간은 자정이 되기 몇 분 전에 출현했다고 볼 수 있다.

현재 지구상에 존재하는 수많은 생명체들은 오랜 기간 동안 생존과 번식을 성공적으로 수행해왔던 조상들의 후손이다. 성공적으로 생존하고 번식하기 위해서 생명체들은 환경 그리고 다른 생명체들과 끊임없이 상호 작용을 해야만 한다. 생명체들은 자연이 제공하는 물리 · 화학적 요인에 반응하고 이에 적응하는 과정에서 동종 집단

내 구성원끼리 또는 다른 종의 구성원들과 다양한 관계를 구성한다. 즉, 모든 생명체들은 생존을 위해서 생물과 무생물 요소를 지각하고 반응함으로써 끊임없이 내외부의 여러 생물들과 상호 작용을 해왔고, 이를 성공적으로 수행한 생명체들만이 자손을 번식하는 데 유리한 고지를 차지해왔다. 인간도 이러한 생물 중 하나이다.

1 | 시에 담긴 생태학 원리

생태학의 영문명인 Ecology란 희랍어의 '집' 또는 '생활의 장(場)'을 의미하는 'oikos'와 '학문'을 의미하는 'logos'가 결합되어 만들어진 단어이다. 문자 그대로 생태학은 우리가 살아가는 '생활의 장'에서 생물과 환경과의 상호 관계를 탐구하는 학문이다. 그런데 우리나라의 대표적 목가시인인 고 신석정(1907~74)의 〈산수도〉에서 생태학의 핵심 원리를 보았다면 생물학을 전공한 사람이 가지는 과학적 상상일까?

숲길 짙어 이끼 푸르고

나무 사이사이 강물이 희여……

햇볕 어린 가지 끝에 산새 쉬고

흰구름 한가로이 하늘을 거닌다.

산가마귀 소리 골짝에 잦은데

등너머 바람이 너머 닥쳐와……

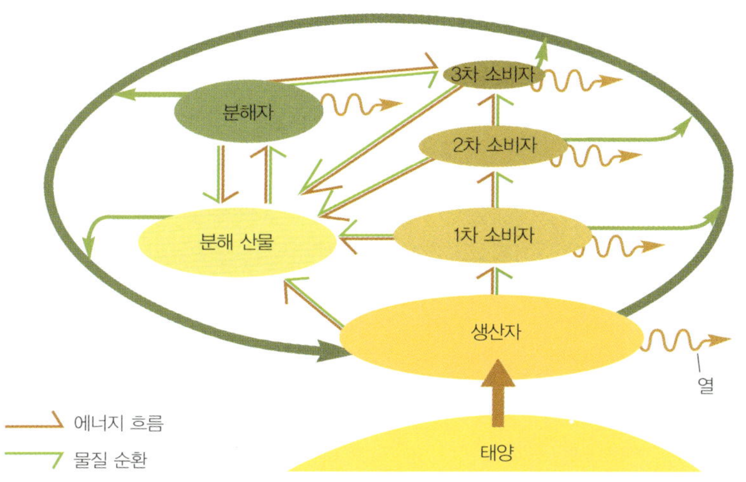

굽어든 숲길을 돌아서 돌아서

시냇물 여음이 옥인 듯 맑아라.

푸른 산 푸른 산이 천 년만 가리

강물이 흘러흘러 만 년만 가리

'숲길 짙어 이끼 푸르고'로 시작되는 시를 읽으며 음지 식물인 이
끼가 자랄 수 있는 조건을 연상하고, 2~6연에서는 함축된 생태계
의 원리를 본다. 생태계는 생물적 구성 요소와 무생물적 구성 요소
가 상호 의존적으로 통합되어 있는 시스템이다. 생물적 구성 요소는
생산자, 소비자, 분해자로 구성되어 있으며 이들은 먹이그물이라는

에너지 및 영양 물질의 이동 얼개를 통해서 서로 연관되어 있다. 생태계를 작동시키는 가장 중요한 무생물적 구성 요소는 에너지와 물질이다.

근본적으로 태양에서 유래된 에너지는 생물체와 먹이그물을 통하여 활용 또는 저장되기도 하지만 궁극적으로는 열의 형태로 생태계를 빠져나가기 때문에 에너지의 흐름은 일방통행이다. 반면, 물질은 외부로부터 유입되는 것이 아니고 순환하게 되는데, 이처럼 생태계 내에서 물질들이 생물적 · 무생물적 구성 요소들 사이를 순환하는 현상을 생물지구화학적 순환(biogeochemical cycle)이라고 한다. 즉, 지구라는 거대한 생태계는 태양 에너지의 유입을 제외하고는 닫힌계로서, 지구상에 존재하는 물질이 생물적 구성 요소와 무생물적 구성 요소 사이를 끊임없이 순환하면서 생명력을 유지하고 있는 것이다. 7연과 8연에서는 물의 자정 작용(自淨作用)이 떠오르고, 마지막 두 연을 접할 때에는 "자연 환경은 선조로부터 물려받은 것이 아니라, 자손들로부터 빌려 쓰고 있는 것이다"라는 환청이 들리는 듯하다.

2 | 지구 물질 순환의 숨은 주역

인간 세상에 선한 사람만이 살고 있는 것이 아니듯 미생물의 세계에도 못된 것(병원성 미생물)들이 있고, 이들이 인류의 보건에 위협이 된다는 것도 분명한 사실이다. 하지만 일부 병원성 미생물의 해악이 너무 부각되어 인간에게 도움을 주는 대다수의 미생물이 함께 매도되는 것은 좀 문제가 있는 것이 아닐까? 미꾸라지 한 마리가 물을 흐린다는 속담처럼 병원성 미생물 몇 종류 때문에 '균(菌)'자 붙은 모든 미생물은 병원체라는 억울한 오해를 받는 것이 매우 안타까울 뿐이다.

미생물이 우리에게 베푸는 혜택에 대해 알고 싶다면, 우리가 매일 엄청나게 배출하는 생활 폐기물(음식물 찌꺼기, 배설물, 생활 하수 등)에 대해서 한번 생각해보라. 그저 버리고 나면 눈에 안 보이니까 별로 신경 쓰지 않고 살지만, 미생물의 활동이 없다면 우리는 더 이상 깨끗한 물을 먹을 수도 없게 될 것이고 머지않아 우리가 버린 쓰레기 더미에 묻혀버리게 될 것이다. 쓰레기 매립지였던 난지도가 아름다운 공원으로 복원된 것도, 바로 앞서 얘기한 물의 자정 작용도 미생물이 주는 선물의 일부이다.

산업화와 도시화가 진행되기 전에는 수질 오염이 문제가 되지 않았다. 오염 물질이 하천에 유입되면 미생물에 의해 분해되어 오염된 물이 자연적으로 정화되는데, 이것을 자연의 자정 작용이라고 한다. 그러나 유입되는 오염 물질의 양이 자정 작용의 능력을 초과하면 수질 오염이 일어나게 된다. 수질 오염을 판정하는 데 가장 많이 이용되는 기준은 생물학적 산소 요구량(Biological Oxygen Demand, BOD)과 용존 산소량(Dissolved Oxygen, DO)이다.

BOD는 물속의 유기물이 미생물에 의해 분해될 때 소모되는 산소

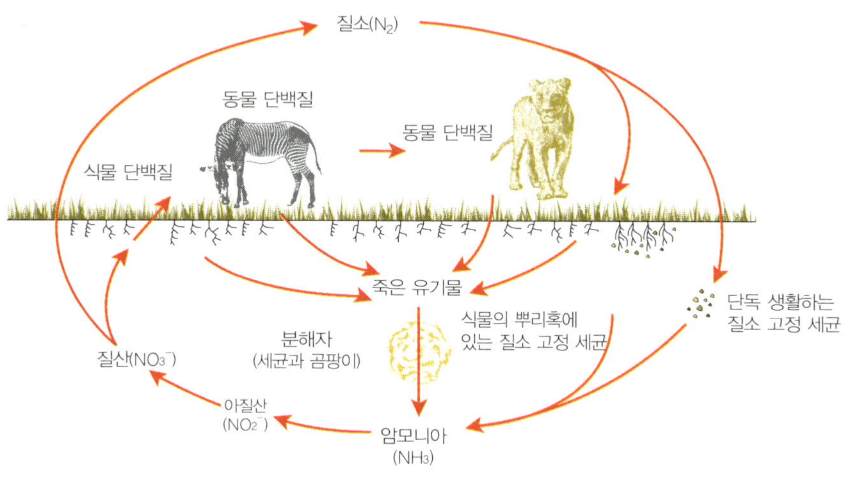

질소 순환

의 양을, 그리고 DO는 물에 녹아 있는 산소의 양을 각각 ppm단위로 나타낸 것이다. 따라서 오염된 물일수록(즉, 물에 유기물이 많을수록) BOD값은 커지고 DO값은 작아진다.

이번에는 그다지 유쾌하지는 않지만 보다 구체적인 예로 암모니아(NH_3) 가스를 생각해보자. 지금은 거의 사라져버렸지만 1980년대 이전에 초등학교를 다닌 사람들이라면 재래식 화장실과 그 향기(?)를 생생하게 기억하리라 생각하는데, 이것의 주범이 바로 암모니아이다. 유기질소 화합물(대표적인 예로 단백질)이 분해되면 다량의 암모니아가 발생하는데, 이 고약한 냄새를 없애주는 것이 미생물이다. 어떤 세균들이 고약한 냄새나는 화합물을 에너지원으로(즉,

먹이로) 이용하여 암모니아를 질산염(NO_3^-)으로 산화시키면서 일단 냄새를 제거해준다.

이렇게 생겨난 질산염을 산소 대신 전자 수용체로 이용하여(84쪽 참조) 호흡하는 세균들이 있으니 이들의 능력이란! 이러한 무산소 호흡을 거치게 되면 질산염은 궁극적으로 질소 가스(N_2)가 되어 대기로 들어가니 나름 고위층으로 신분이 상승한 셈. 그러나 항상 위에만 있을 수는 없는 법. 일단의 세균들은 질소 가스를 환원시켜 다시 암모니아로 만들어버리니($N_2 + 8H \rightarrow 2NH_3 + H_2$) 이것이 바로 그 유명한 질소 고정이다. 원래의 모습으로 돌아온 암모니아는 다시 순환 여행을 하게 된다.

질소는 생명체의 단백질과 핵산 등을 구성하는 중요한 원소이다. 그런데 질소 고정 세균을 제외한 모든 생물은 공기 중의 질소 기체를 직접 체내로 흡수하지 못한다. 질소 고정 세균은 많은 에너지를 사용하여 공기 중의 질소를 암모니아(NH_3)로 만든다. 식물은 질소 고정 세균이 만들어놓은 암모니아나 질산염을 흡수하여 단백질을 합성하며, 동물은 식물성 단백질이나 동물성 단백질을 섭취함으로써 몸에 필요한 질소 성분을 얻는다. 결국 질소 고정 세균이 없다면 식물도, 동물도 존재할 수 없다는 결론에 도달하게 된다.

최초의 생명체가 정확하게 언제 탄생했는지는 모르지만 세균을 비롯한 미생물들이 적어도 35억 년 동안 생명의 진화를 주도해왔다는 것은 확실하다. 가장 중요한 사건은 광합성을 통해 산소를 발생시킨 미생물의 출현인데, 이들 덕분에 산소를 이용하여 호흡하는 생물의 진화가 가능해졌다. 바꾸어 말하면, 미생물이 없었다면 인간을 포함하여 지구상의 다양한 생명체는 애당초 시작되지도 못했을 것이라는 얘기이다. 현재에도 미생물은 지구의 물질 순환을 담당함으로써, 인간을 비롯한 지구상 모든 생명체의 삶을 유지시켜주고 있다. 따라서 분명한 사실은 미생물 없는 삶은 곧 종말이라는 것이다. 이쯤 되면 미생물(微生物)을 '美生物' 이라 부르자는 주장도 있을 법하지 않은가?

3 | 우리들의 일그러진 자화상

지구상에 사는 모든(일부 세균 제외) 생명체는 궁극적으로 광합성을 통해 모아진 태양 에너지에 의존해서 삶을 유지하고 있다. 그런데 인간은 현재의 광합성 산물보다는 먼 과거에 이루어졌던 광합성 산물에 더 많이 의존한다는 점에서 다른 생명체들과 구분된다. 현재 인류가 사용하는 에너지의 대부분을 차지하는 화석 연료는 땅 속에 파묻힌 생물(주로 식물)의 사체가 수백만 년에 걸쳐 화석화되어 만들어진 것이다. 화석 연료는 거대한 유기 탄소 화합물에 해당하기 때문에 우리가 사용한 화석 연료의 결국 이산화탄소의 형태로 대기에 들어간다.

마치 우리가 이사를 다니는 것처럼, 각 원소들도 생물지구화학적 순환을 통해 저장소를 옮겨 다닌다. 탄소의 주요 저장소로는 화석

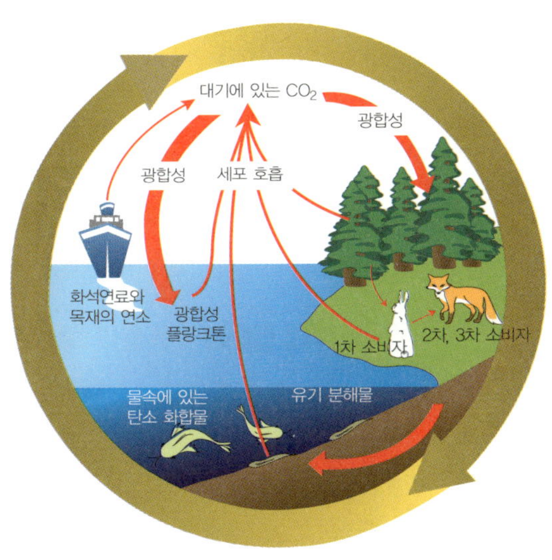

탄소 순환

연료, 토양과 수생 생태계, 생명체, 그리고 대기(CO_2) 등이다. 자연 상태에서는 식물과 플랑크톤의 광합성에서 의해서 제거되는 대기 중 CO_2와 생산자와 소비자에 의해서 배출되는 CO_2 양이 거의 동일해서 탄소 순환이 균형을 이루게 된다. 그런데 산업 혁명 이후 급격히 증가해온 화석 연료의 사용(연소)은 많은 양의 CO_2를 대기 중에 추가시킴으로써 탄소 순환의 균형을 깨뜨리고 있다.

현대인은 인류 역사상 최고의 문명의 이기를 누리고 있건만, 여전히 더 편리한 문명을 추구하려 한다. 이처럼 만족을 모르는 인간의 행동 양식 때문에 화석 연료 소비는 계속 증가하고 있고, 이에 비례하여 이산화탄소 배출도 함께 늘어나고 있다. 사태의 심각성을 감지한 지구의 여신 가이아(Gaia)는 지구 온난화에 의한 기후 변화를 통해 끊임없이 우리에게 경고해왔고, 최근에는 그 강도를 높이고 있다. 인류가 '에덴동산'에서 저지른 실수를 다시 반복하지 않도록 하기 위해서…….

4 | 작은 실천

예로부터 우리나라는 금수강산(錦繡江山)이라 불려왔다. 산과 강, 강과 산이 비단에 수를 놓은 듯이 아름답다는 뜻이니, 도대체 얼마나 아름다웠기에 이런 이름이 붙여졌을까? 사실 서울 시내의 동네 이름을 잠깐만 살펴보아도 그 옛날 서울이 얼마나 맑고 아름다웠는지가 금방 떠오른다.

강변북로를 따라 가다 보면 성수동(聖水洞), 옥수동(玉水洞), 약수동(藥水洞)을 만나게 된다. 생각해보자. 물이 얼마나 맑고 고왔으면 성수, 옥수, 약수라는 이름이 붙여졌겠는가. 흐르는 냇물은 그대로 옥(玉) 같이 아름답고, 성(聖)스럽고, 그냥 떠 마시면 약이 되는 그런 물[藥水]이 흐르던 고장이었다는데, 어쩌다 오늘의 모습이 되었을까? 서울의 서북쪽에 녹번동(碌磻洞)이 있다. 글자 풀이를 해보면 '푸른 들에 맑은 시내가 흐르는 동네'라는 뜻인데, 지금은 그 흔적을 찾기가 어렵다.

왜 이렇게 되었을까? 급속한 산업화와 도시화에 그 원인이 있을 것이라고 할 수도 있겠지만, 과연 그 탓으로만 돌릴 수 있을까? 우리들 자신은 아무런 책임도 없는 것일까? 한번 곰곰이 생각해볼 일이다. "내 차가 더러워질까봐 우리나라에 버렸습니다(담배꽁초). / 내 집에서 냄새가 날까봐 우리나라에 버렸습니다(생활 쓰레기). / 내 짐이 무거울까봐 우리나라에 버렸습니다(등산 쓰레기)"라는 공익광고 문구를 들을 때마다 오로지 '나'만을 위해 '우리'라는 공동체는 무시한 이기적인 사고와 행위도 우리의 자연을 훼손하고 파괴하는 데 단단히 한몫했다는 생각을 떨칠 수가 없다.

5 │ 문제 파악과 현명한 선택

환경 오염은 크게 생물의 활동과 무생물학적 경로에 의해서 유발되는데 전자의 비중이 압도적이며, 특히 인간에 의한 오염이 현재 우리가 직면한 환경 위기를 초래했다는 데에는 이견이 없다. 역사적으로 볼 때 인간에 의한 환경 오염은 정착 생활을 시작한 신석기 시대부터 이미 시작되었다고 추정한다. 방랑 생활과는 달리 정착 생활을 위해서는 주위 환경을 인위적으로 변화시켜야 했고, 적절한 관리가 이루어지지 못했을 경우에는 그에 상응하는 환경 오염이 발생했었을 것이다. 그러나 산업 혁명(특히 20세기) 이후 지구촌에 찾아온 환경 문제는 단순히 위생 관념이 부족해 발생한 전염병과 같은 과거의 문제와는 그 성격과 규모에서 판이하게 다르다.

인류는 산업 혁명 이후 더 생활을 영위하기 위해 성장 위주의 정책으로 자연 환경을 개발하여 이용해왔다. 그런데 이러한 환경 파괴를 담보로 한 단기적인 개발은 더 이상 장기적이고 지속 가능한 발전(sustainable development)을 가져오지 못하고 불과 1세기가 지나기도 전에 많은 문제점을 노출시키고 있다. 예를 들어 지구 온난화, 기상 이변, 오존층 파괴, 사막화와 새로운 전염병의 출현 등의 지구 환경 파괴의 문제는 인류의 생존을 위해서 반드시 해결해야 할 과제이다. 그러나 세계적으로 다각적인 노력이 계속되고 있음에도 아직 확실한 해결책은 제시되지 못하고 있는 실정이며, 단지 지금까지의 사후 처치적인 문제 해결 방식은 근본적인 문제의 해결책이 될 수 없다는 사실만 인식했을 뿐이다.

환경이라는 말의 사전적 의미는 어떤 주체를 둘러싸고 있는 여러 가지 요소를 말한다. 달리 표현하면 생물체가 생명력을 유지하는 데 미치는 모든 요인으로 볼 수 있다. 즉, 환경은 어떤 주체에 대한 부수적인 요소를 의미하며, 따라서 환경을 논의할 때는 주체가 무엇인가에 따라 그 논의점이 달라질 수 있다. 예를 들어 공기 맑은 산속의 전원주택은 인간에게는 쾌적한 환경을 제공하지만 산에서 서식하는 여러 생물의 입장에서 보면 그것은 서식지를 파괴할 심각한 생존 위협의 존재가 된다.

이와 같이 환경 문제는 무엇을 주체로 하는가에 대한 상대적인 개념으로 생각하지 않으면 안 된다. 실제로 자연계에서는 수많은 생물들이 모두 주체가 될 수 있다. 그런데 지금까지는 인간 중심적인 사고로 인하여 인간이 환경의 주체이고 그 외의 주체가 있을 수 있다는 생각은 배제되었는데, 이처럼 생태계의 원리를 무시한 잘못된 생각이 오늘날 환경 위기를 초래한 주원인이 되었다는 것이 부인할 수 없는 사실이다.

산업화, 도시화된 현대 사회에서 인간이 환경을 파괴하지 않고 살아가기란 거의 불가능하다. 이에 대한 원인으로 환경 보존에 대한 의식 부족 또는 그에 대한 관심 부족 등을 들 수 있지만, 보다 근본적인 원인은 인간도 지구 생태계를 구성하는 일부이면서도 과학 기술 문명을 가지고 있다는 이유로 다른 종과의 자연적인 경쟁의 원리를 따르지 않는 데 있다. 인간뿐만 아니라 지구상에 존재하는 모든 생물체도 각각 자기 중심적인 생활을 하지만 심각한 환경 문제를 일으키지는 않는다. 그러나 과학 기술로 무장한 인간만은 대량 생산, 대량 소비, 대량 폐기의 생활 방식을 추구하여, 필연적으로 환경 문제를 유발할 수밖에 없는 구조적 모순을 가지고 있다. 그러므로 현재까지의 인간 중심적 환경관에서 벗어나 생태주의적 가치관으로의 의식 전환 없이는 근본적으로 환경 문제를 해결할 수 없을 것이다.

🔍 깊게 보기

• • • 생물다양성과 전염병 • • •

우리를 괴롭히는 전염병의 약 75%는 사람과 동물에게 공통으로 감염되는 인수 공동 병원체(zoonotic pathogen)에 의해서 일어난다. 인수 공동 병원체는 동물과의 접촉 또는 모기와 같은 매개체(vector)에 의해서 전파된다. 기후 변화에 관한 정부간협의체(IPCC, Intergovernmental Panel on Climate Change)가 2007년에 발표한 보고서에는 지구 온난화로 2020년대에는 평균 기온이 1도 상승하면서 말라리아 등 열대성 전염병이 전 세계적으로 창궐할 것이라는 전망이 포함되어 있다.

최근 들어 발생 빈도가 급증하고 조류 바이러스와 2009년 전 세계를 공포에 떨게 한 신종 A형 H1N1 인플루엔자 등을 접하면서 빗나가기를 바랐던 예견이

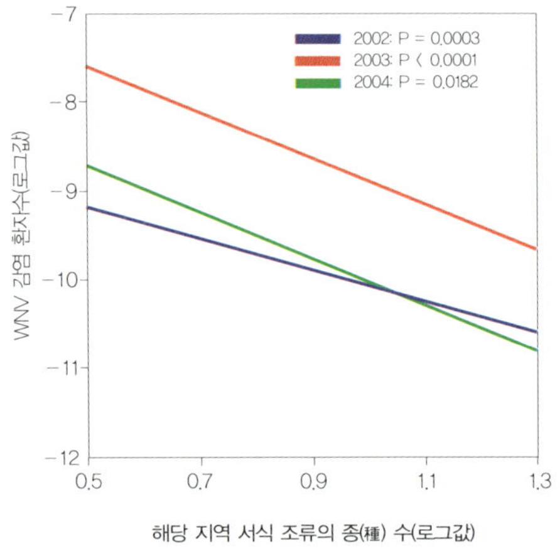

현실로 다가온다는 우려를 금할 수 없다. 이런 와중에 웨스트 나일 바이러스(West Nile virus, WNV) 감염 환자수와 해당 지역에 서식하는 조류 다양성과의 상관 관계를 보고한 논문(2009. Clinical Microbiology and Infection 15(Suppl. 1):40~43)이 눈길을 끈다.

모기에 의해 옮겨지는 병원체인 WNV는 심하면 뇌염이나 수막염(뇌 또는 뇌와 척수 근처의 세포막에 발생하는 염증)을 일으킬 수도 있다. WNV는 일차적으로 주요 보유 숙주인 참새와 까마귀 등에 의해서 전파된다. 모기는 이들 숙주 조류와 사람의 피를 빨아먹는 과정에서 WNV를 전염시킨다. 연구진은 해당 지역에 서식하는 새의 종류가 다양할수록 WNV 감염 환자수가 적다는 흥미

로운 사실을 발견하였다(그림 참조). 왜 조류의 다양성과 WNV 감염 환자수가 반비례할까? 이에 대한 답은 의외로 간단한 곳에 있었다.

참새와 까마귀 같은 WNV의 보유 숙주가 다른 많은 종류의 새들과 섞여 있어서 전체 서식 조류의 소수를 차지하는 지역과 WNV 보유 숙주 조류가 상대적으로 다수를 차지하는 지역을 생각해보자. 두 지역 중 어느 곳에 사는 모기가 WNV에 감염된 피를 빨 확률이 높은가? 당연히 후자의 지역이고, 그 결과 그 지역에 거주하는 사람은 WNV에 노출될 확률이 그만큼 높아지는 것이다. 이를 일컬어 '희석 효과(Dilution Effect)'라고 하는데, 생물 다양성 보존의 중요성을 다시금 일깨워주는 사례이다.

생물 완전 정복 비법

1 | 드라마를 보듯이 줄거리를 파악하라

우리는 한 번 본 드라마 내용을 잘 잊지 않는다. 분명 지금 이 책을 읽고 있는 독자들도 꽤 오래전에 시청했던 드라마 내용 대부분을 어렵지 않게 기억해낼 수 있을 것이라 생각한다. 아마도 일부 독자는 드라마에서 출연 배우들이 했던 대사까지 정확히 기억할지도 모른다. 하지만 대부분의 학생들은 생물이 외울 게 너무 많은 암기 과목이라 어렵다고 말한다. 한 번 본 드라마의 내용은 눈앞의 그림처럼 묘사하면서 시간을 들여 공부한 내용은 기억하지 못하는 이유는 뭘까.

대부분의 학생들이 내용을 이해하지 않고 무조건 외우려고만 했기 때문이다.

생물 과목은 우리 몸속에서 일어나는 리얼리티 드라마를 다루는 학문이다. 드라마를 보듯 인물, 사건, 배경을 이해하는 순간, 생물은 더 이상 암기 과목이 아니다.

2 | 수업 시간에 배운 지식을 일상에 적용하라

우리 자신이 생물의 한 종이기 때문에 우리 몸에서 일어나는 모든 현상이 곧 '살아 있는 생물학'이다. 생물 교과서 대부분은 사람을 중심으로 생명 현상을 기술하기 때문에 조금만 신경 쓰면 일상 속에서 일어나는 모든 일을 생물학으로 설명할 수 있다.

예를 들어 생물 시간에 소화에 관해 배웠다고 하자. 하굣길에 맛있는 냄새에 이끌려 친구와 함께 떡볶이를 먹는 상황을 생물학적으로 정리해보자. 냄새에 자극된 후각 세포가 후신경을 통해 뇌(대뇌 피질)에 정보를 전달한다. 뇌는 발길을 떡볶이집으로 돌리라고 운동 신경에 명령을 내린다.

떡볶이를 먹으며 친구는 조금 짜다고 느끼고 나는 조금 싱겁다고 느낀다. 왜 그럴까. 사람마다 맛을 느끼는 미뢰의 수와 분포가 다르기 때문이다. 떡은 입 안에서 잘게 부서져 침과 섞이는 기계적 소화와 소화 효소 아밀라아제에 의해 녹말이 엿당으로 분해되는 화학적 소화를 거친다. 떡과 삶은 계란을 꿀꺽 삼켰다. 음식물이 식도를 타고(연동 운동) 위로 들어간다. 위에서는 철사를 녹일 수 있을 정도로 강한 산성(pH2)인 위액이 분비돼 계란의 주성분인 단백질을 폴리펩티드로 분해한다.

집으로 돌아온 뒤 한두 시간이 지나자 다시 배가 출출해진다. 위의 윗부분은 식도와 아랫부분은 소장과 연결되는데, 각 연결 부위에는 괄약근이 있어서 대부분 위는 닫혀 있다. 강산성의 위액이 다른 기관으로 흐르는 일을 막기 위해서다. 위에서 소화가 된 음식물은 한 번에 조금씩 소장으로 이동하기 때문에 식사 뒤 위가 완전히 비워지기까지는 2~6시간이 걸린다. 이처럼 생물 공부는 교실에서 교과서만 갖고 하는 게 아니다. 언제 어디서나 할 수 있는 공부가 바로 생물 공부임을 잊지 말자.

3 | 과학적 상상력을 동원하라

"Imagination is more important than knowledge." 천재 물리학자 아인슈타인의 말이다. 이 말은 생물학에서도 중요하다. 상상력은 '실제로 경험하지 않은 현상이나 사물에 대해 마음속으로 그려 보는 힘'을 말한다. 생물학적 지식을 토대로 특정 현상에 대한 논리적 설명을 시도하는 일이 과학적 상상력이다. 예를 들어 우리나라 최초의 한글 소설인 『홍길동전』에는 주인공 홍길동이 변신술 등의 초능력을 소유한 인물로 묘사되는데, 이것이 모두 사실이라고 가정하고 상상해보자.

도대체 홍길동이 변신을 할 때 세포에서는 어떤 일이 일어날까.

혹시 외부 자극에 대한 반응 작용으로 평소에는 발현되지 않던 변신 관련 유전자들의 발현이 유도된 것은 아닐까. 홍길동의 부모에게는 이런 초능력이 나타나지 않았는데 홍길동은 어떻게 초능력을 소유하게 됐을까. 변신에 필요한 유전자는 열성으로 부모에서는 보인자로 존재했거나, 감수 분열 과정에서 일어나는 유전자 재조합으로 새로운 변신 유전자가 만들어졌다면 가능하다. 이처럼 알고 있는 지식과 과학적 상상을 통해서 논리적 가설을 설정하는 훈련은 생물학을 재미있게 공부할 수 있는 가장 좋은 방법이다. 여기에 그 자신의 가설을 검증하려는 노력까지 곁들인다면 그야말로 금상첨화!

4 | 생물 용어를 이해하는 데 한자를 활용하라

한자(漢字)에 의한 문자언어(文字言語)를 일컫는 한문은 오랜 세월에 걸쳐 우리의 문화와 언어 속에서 동화되어왔다. 이런 이유로 영어로 된 생물학 용어들이 우리말로 번역되는 과정에서 한자가 많이 사용되었다. 뜻글자라는 한자의 특성상 각 글자의 의미를 짚어보면 해당 용어의 생물학적 의미를 이해하고 기억하는 데 도움을 주는 경우가 많다. 다음은 이 책에서 이미 언급된 몇 가지 생물 용어이다. 각 용어의 의미를 글자 그대로 풀어보고 생물학적 정의를 연상 또는 유추해보자.

　신우(腎盂)　：콩팥 신 + 바리(사발) 우

사구체(絲球體) : 실 사 + 공 구 + 몸 체

수상(樹狀)돌기 : 나무 수 + 형상 상

두정엽(頭頂葉) : 머리 두 + 정수리 정 + 잎 엽

길항(拮抗) 작용 : 일할 길 + 겨룰 항

청소골(聽小骨) : 들을 청 + 작을 소 + 뼈 골

미뢰(味蕾)　　 : 맛 미 + 꽃봉오리 뢰

난소(卵巢)　　 : 알 난 + 집 소

역치(閾値)　　 : 문지방 역 + 값 치

실무율(悉無律) : 다 실 + 없을 무 + 법 율

첫 번째 생물 여행을 마치며

인간은 언어를 이용하여 의사 전달(상호 작용)을 한다는 점에서 다른 생물과 뚜렷하게 구분된다. 언어는 간단한 신호에 쓰인 이후 사물을 표현하고 나아가 생각을 표현하는 단계까지 발전했다고 본다. 한 개인의 생각이 언어를 통해 표현되고 또 시공을 초월하여 전달되면서 인간의 새로운 네트워크를 구축하고 이를 통해 문명을 발전시켜왔다고 할 수 있다. 인간의 사고도 생명체의 진화와 유사한 과정을 거친다고 볼 수 있다. 수많은 문학 예술 작품 중에서 오랫동안 퍼져나가는 것도 있지만 사라져버리는 것들도 있다. 또한 인간의 사고와 예술은 세대를 거치면서 더욱 다양해진다.

　정보화나 세계화 등의 수식어로 표현되는 21세기로 접어들면서 사고의 빠른 전파와 함께 문명의 진화는 지구상의 변화 속도를 한층 가속화하고 있다. 그러나 이러한 빠른 변화의 결과로 지구 온난화를 비롯한 심각한 환경 문제들이 현실로 나타나면서 많은 우려를 낳고 있다. 생명체의 진화 원리를 적용한다면 어떤 환경에서는 적용되는 생각이 다른 환경에서는 적용되지 않을 수 있다는 것을 쉽게 알 수 있다. 즉, 오늘날 고도로 발전한 인류의 문명을 있게 한 생각들이 거꾸로 우리를 위협할 수도 있다는 것이다. 이제 우리 인간은 중요한 선택의 기로에 서 있고, 생물학은 우리가 미래 세대를 위한 올바른 선택을 내리는 데 핵심 역할을 해야 한다.

차례에 답이 있다2
한눈에 쏙! 생물지도

1판 1쇄 펴냄 2009년 10월 22일
1판 2쇄 펴냄 2014년 3월 25일

기획 과학동아
지은이 김응빈

주간 김현숙
편집 변효현, 김주희
디자인 이현정, 전미혜
영업 백국현, 도진호
관리 김옥연

펴낸곳 궁리출판
펴낸이 이갑수

등록 1999. 3. 29. 제300-2004-162호
주소 110-043 서울시 종로구 통인동 31-4 우남빌딩 2층
전화 02-734-6591~3
팩스 02-734-6554
E-mail kungree@kungree.com
홈페이지 www.kungree.com

ⓒ 김응빈, 2009. Printed in Seoul, Korea.

ISBN 978-89-5820-169-4   03470
ISBN 978-89-5820-167-0   03400(세트)

값 9,800원

biology